"文化旅游：绍兴故事新编"丛书

绍兴名酒

朱文斌　何俊杰　主编

余晓栋　丁晓洋　张书娟　副主编

浙江工商大学出版社
ZHEJIANG GONGSHANG UNIVERSITY PRESS
·杭州·

图书在版编目（CIP）数据

绍兴名酒 / 朱文斌，何俊杰主编. — 杭州：浙江
工商大学出版社，2023.3
（"文化旅游：绍兴故事新编"丛书；1）
ISBN 978-7-5178-4814-1

Ⅰ.①绍… Ⅱ.①朱… ②何… Ⅲ.①白酒—介绍—
绍兴 Ⅳ.①TS262

中国版本图书馆CIP数据核字（2022）第011702号

绍兴名酒
SHAOXING MING JIU

朱文斌　何俊杰　主编

出 品 人	郑英龙
策划编辑	任晓燕
责任编辑	沈明珠
责任校对	何小玲
封面设计	屈　皓　马圣燕
责任印制	包建辉
出版发行	浙江工商大学出版社
	（杭州市教工路198号　邮政编码310012）
	（E-mail：zjgsupress@163.com）
	（网址：http：//www.zjgsupress.com）
	电话：0571-88904980，88831806（传真）
排　　版	杭州彩地电脑图文有限公司
印　　刷	杭州宏雅印刷有限公司
开　　本	880 mm × 1230 mm　1/32
印　　张	44
字　　数	460千
版印次	2023年3月第1版　2023年3月第1次印刷
书　　号	ISBN 978-7-5178-4814-1
定　　价	228.00元（全9册）

"文化旅游：绍兴故事新编"丛书编委会

序
言
。

　　文旅融合、重塑城市文化体系，核心是激活、转化、创新文化资源与文旅产业，形成色彩斑斓、各具特色、生动活泼的文化旅游大格局，而讲好绍兴故事、传播好绍兴声音必然意义非凡。

　　由浙江越秀外国语学院、浙江传媒学院组织编纂的这套"文化旅游：绍兴故事新编"，是面向广大青少年和游客的系列普及丛书。书中通过民间故事、历史逸事、神话传说等角度取材编写，系统地向大家介绍了与绍兴有关的越中名人、历史文化、名川大山、江河湖泊、千年古桥、黄酒、越茶名寺、古镇古村、名楼名阁等九大方面故事，从

多种维度书写了绍兴城市独特的历史芳华，浓缩了古越大地的千年文脉意象，使之成了为广大青少年和来绍兴的游客解码绍兴城市历史文脉的一把钥匙和引领他们漫溯古越文化的一艘时光乌篷。

丛书中的故事通俗易懂、情节跌宕起伏、语言优美生动，既有历史的维度，又有文化的内涵，每个专题在用多个故事还原绍兴历史文化的同时，对绍兴大地的风物、地

貌、人文、历史等方面都进行了故事性的直观描述和清晰解读。在这本书里，绍兴已不仅仅是一个停留在人们头脑里的地域性存在和耳朵中听闻的故事叙述的空间，而是变成了一个向广大青少年和游客诠释、展示和输送绍兴整座城市精神、气质、品格的重要平台。我想，这部丛书的出版对于广大青少年和游客应该可以产生三个层面的积极影响：

一是使广大年轻人更加了解绍兴故事和感知绍兴文化。丛书中大量吸引人、感染人的故事情节和故事事实，可以使年轻人更加了解素称"文物之邦、鱼米之乡"的绍兴是"山有金木鸟兽之殷，水有鱼盐珠蚌之饶，物有种养工贸之丰，城有山水人文之绝"的；同时使年轻人更加深刻地感知到灵光四射的越中历史文化，体悟到延绵不绝的绍兴人文思想，并让这种深厚的历史文化与风土人情形成持续的吸引力与影响力，熏陶、浸润和教化一批又一批的年轻人。

二是使广大年轻人更加热爱绍兴故事和敬仰绍兴文化。

让广大年轻人在了解绍兴故事和感知绍兴文化的基础上，更加充分地了解到，在绍兴这片古老的大地上，一万年前就有于越先民繁衍生息，中华民族的人文始祖在这里开天辟地，灿若星辰的先贤名士在这里挥洒才情；感知到，从越国都城到秦汉名郡，从魏晋风流到隋唐诗路，从南宋驻跸到明清士都，从民国峻骨到新中国名城，绍兴先民在古越大地演绎了荡气回肠的侠骨柔情和续写了延绵不断的千年文脉，使年轻人发自肺腑地生出热爱绍兴故事的人文情怀和敬仰绍兴文脉的文化凝聚力。

三是使广大年轻人积极传播绍兴故事和弘扬绍兴文化。当广大年轻人对绍兴故事和绍兴文化产生强烈的人文情怀和较强的文化敬仰之情时，他们就会自然而然地将绍兴文化中的人文精髓植入并内化到自己的生活、学习之中，并会自觉向更多的人讲述他们眼中的绍兴故事、文化特色和人文情怀，并能够积极地将那种跨越时空、超越国度、富有魅力并具有当代价值的绍兴文化精神自觉地传播和弘扬开来，从而在故事的讲述中延续绍兴传统历史文化的价值体系，使绍兴独特的历史文脉传承有序，长盛不衰。

实现上述三个层面的效果就是我们广大文旅工作者和教育工作者为广大青少年朋友讲好绍兴故事的应有之义和必然选择，我想这也应是浙江越秀外国语学院组织编纂"文化旅游：绍兴故事新编"这套丛书的题中真意和初衷本意了。

讲好绍兴故事，首先要让年轻朋友们融入绍兴情景并产生感动。就让我们在这套丛书的故事中陪同大家品读和感受绍兴的江南意涵与万年气象吧。

何俊杰

（中共绍兴市委宣传部副部长、市文化广电旅游局局长）

2019 年 11 月 24 日

目录

最香女儿红

　　"女儿红"，又名"花雕酒""状元红"，
最早出现在浙江绍兴一带，迄今已有三千
多年的历史了，被誉为中华民族的国粹，
在酒界享有很高的地位。

关于"女儿红"这一名称的来历，那还得从一个有趣的故事讲起。

从前，绍兴一个做裁缝的师傅，年轻时执着于事业，人到中年才遇到了一个心爱的姑娘，两人很快便结婚了。裁缝师傅在娶了妻子之后就急着想要孩子。天遂人愿，一天，他发现自己的妻子怀孕了。于是兴冲冲地酿了几坛酒埋在自家院子里的桂花树下，准备在孩子降临的时候用来款待亲朋好友。

裁缝师傅是个老师傅，思想自然是当时的封建思想：男尊女卑。因此啊，一心想让妻子为自己生个儿子，将来好传宗接代。谁料，天不遂人愿，妻子忍痛含泪生了个女儿。老裁缝听到这消息，脸一紫，甚是不满意，也就没舍得把之前埋在后院桂花树下的酒拿出来庆祝。

时光如梭，女儿很快就长大成人了，生得那叫一个聪明伶俐，长得也是极美。在老裁缝的培养下，女儿继承了老裁缝的手艺，身后也有了不少的追求者。一天，老裁缝的得意徒弟偷偷告诉他，自己爱上了他的女儿。老裁缝说："这事儿啊，得看你们自己了。我女儿是个有主见的女孩，自己会拿捏得很清楚，所以，我是没法替她做主的。但既然是你，我是绝对支持的。"

这徒弟凭着自己的办法，渐渐地吸引了裁缝的女儿，并赢得了她的芳心。后来两人更加情投意合，女儿便决定和老裁缝的徒弟成亲。

看到女儿能嫁给自己的得意门生，做父亲的那是既开心又放心。老裁缝高高兴兴地为女儿准备婚事。成亲那天，老裁缝摆酒请客，忽然想起十几年前埋在桂花树下那几坛没舍得拿出来的酒，心想"这回可派上用场了"，便挖出来请大家喝酒庆祝。

打开酒坛一闻,香气扑鼻,色浓味醇,极为好喝。

后来大家就把这酒称为"女儿红"。

现在的浙江,每逢结婚喜事必有这么一个镜头:女儿端庄大气地站在丈夫身边,丈夫在一旁敬着酒,热情的父亲招呼着大家:"来,来,来!尝尝我家的女儿红,有一段时间了,口感应是极佳。"抿一口下去,顺滑又令人感到灼热,酒劲十足。周围人们的热潮起起伏伏,气氛一直很好。

这就是浙江一带的习俗——"生女必酿女儿红,嫁女必饮女儿红"。

倒酒缸仙山

　　连绵的会稽山中有一座小山，小山上有一块巨岩，形状酷似一只倒扣着的大酒缸，因此人们把这座小山叫作酒缸山。说起这酒缸山，还有一个美丽的传说故事。

很久以前，有一位公主在京城逛街的时候，遇上了一个挑着酒担沿街叫卖的卖酒郎。公主买了他的酒喝，喝得上了瘾，后来竟跟着卖酒郎私奔了，因为她深深地爱上了卖酒郎。两个人一路叫卖，走过了许多地方，他们四海为家，酒卖完了，就在这个地方停下来，买糯米酿酒，酒酿好了再上路去卖。几年干下来，他们赚了不少银子，身上也穿金戴银了。

一日，他俩来到会稽山下，感到有些劳累，就在路亭里歇脚。

公主坐在路亭里，喝起酒来，喝着喝着就醉倒在石凳上，睡着了。

天渐渐地暗下来，这时山上突然有两个强盗冲下来，想抢劫他们的金银财宝。两个强盗打死了卖酒郎，劫走了金银财宝和一担美酒，就逃之夭夭了。

第二天，公主醒来后对着丈夫的尸体号啕大哭了一场，然后请人埋葬了丈夫，为丈夫造好坟墓。

从此以后，她就打扮成老太婆的样子，住在茅舍里，以野菜野果充饥。

一天，有个拖着一条残腿的乞丐老头拄着拐杖艰难地走上山来。公主看到他的残腿上有一块烂得直流血，赶紧到山上去寻找草药，转回来时看到乞丐老头已经从正烧着的锅里抓了几个半生不熟的番薯，在狼吞虎咽地啃着。公主没有责怪他，她走到岩石那边用山泉水把草药洗干净，摘下叶子，用双手揉搓了一下，然后贴到乞丐老头的烂腿疮上。

乞丐老头吃完番薯，在茅舍里躺了一个下午，贴着草药叶子的烂腿疮上的血水不流了，那草药叶子也干了。老头一言不发，又从锅里拿了两个煮熟的冷番薯，拄着拐杖，头也不回地下山去了。

几天以后，那乞丐老头又走上山来。公主还是很热情地请他坐，拿出刚煮熟的热番薯给他吃。乞丐老头却不吃，他说："我要喝老酒，你为什么不拿出老酒来招待我？"

公主说："我这茅舍里哪来的老酒啊！"

乞丐老头举起拐杖指着那岩石对公主说："这是仪狄仙子当年酿酒用过的酒缸，年代久了化成了石头。如今这酒缸里又酿出酒来了，你可以自己喝，也可以卖钱，这样你就可以靠这老酒过日子了。"

话音刚落，那乞丐老头已消失得无影无踪了。

公主高兴极了，从此以后她又可以惬意地喝她最喜欢喝的老酒了。这老酒她不但自己喝，也卖，但卖得很便宜。碰到拿不出钱的穷人，甚至白送给他们。后来这消息一直传到山阴县城一个地头蛇的耳朵里。地头蛇听到这个怪消息，就带着几个爪牙，抓住公主就往山下拖。公主拼命挣扎。顿时，巨岩翻滚下来，变成一只偌大的酒缸，把地头蛇倒扣进酒缸里去了。

从此，那儿便有了一座倒立的酒缸。

醉意写《对酒》

　　淳熙三年（1176），陆游已被免职，在杜甫草堂附近浣花溪畔开辟菜园，过着自在的躬耕生活。此时朝廷的主和派攻击他"颓放""狂放"，而陆游自号"放翁"，

给予反击。既是放翁，自然是要好好享受这惬意的生活。

又是一年春天，万物复苏，一改冬日萧瑟的景色，显示出无限的生机。陆游起身打开窗户，欣赏着窗外的一片风景。这时，一名年轻的小厮来敲门，轻声询问："老爷，您起身了吗？"房内的陆游听到后应答了一声。"老爷，您的好友范先生正在客厅等您。"小厮说完便退了下去。陆游整理了下衣襟，便出去了。

"许久未见，别来无恙？"陆游走进了客厅，"今日你怎么会想到来我这？""我今日看天气晴朗，就想着找你这位酒痴来好好地畅饮一番。听说你又新得了一坛老酒（这酒就是现在俗称的绍兴老酒）？""正是啊！走，咱们去花园畅饮。"

"这花倒是娇艳欲滴。"两人慢慢散着步，好友时不时地驻足欣赏一下刚开的鲜花。此时小厮刚好抱来一坛酒："老爷，酒来了。"好友连忙拉着陆游往亭子里走："来来来，酒来了，先好好地喝它几杯。"小厮替两人倒好酒后，好友举杯与陆游干了一杯。"这酒果然名不虚传啊！好酒！好酒！"好友连连称赞。"我这一辈子啊，就觉得这老酒最对我的胃口！"陆游边说边喝了一大口。这绍兴老酒散发出浓厚的香气，橙黄柔和的颜色呈现出独特的魅力。穿过岁月的长河，绍兴老酒在陆游的花园中散发出浓郁的香味。

亭子外莺歌燕舞，百花齐放。溪水蜿蜒流动，叮叮咚咚。几大罐老酒下肚，好友已是陷入沉醉，陆游的脸也已微微泛红。陆游立即唤小厮拿来纸笔，借着醉意，大笔一挥，写下了《对酒》：

闲愁如飞雪，入酒即消融。

好花如故人，一笑杯自空。

流莺有情亦念我，柳边尽日啼春风。

长安不到十四载，酒徒往往成衰翁。

九环宝带光照地，不如留君双颊红。

闲来的忧愁像飞雪一样，落入酒杯中就自然消融了。美丽的花朵像故人一样，一阵欢笑，酒杯自然就空了。宛转的黄莺似乎有情地眷恋我，从早到晚鸣叫在柳树边的春风中。饮酒的畅快与春日美景融合，陆游与友人快哉，乐哉！趁着酒兴，陆游提笔又作了一首《对酒》：

新酥鹅儿黄，珍橘金弹香，天公怜寂寞，劳我以一觞。

　　胸中万卷书，老不施毫芒，持酒一浇之，与汝俱深藏。

　　生当老穷巷，死埋南山冈。

　　古来共如此，已矣庸何伤！

　　后来，世人在欣赏陆游的《对酒》诗时，不禁长叹："这不仅仅是春光美好，更是酒意下的轻松美好，忘却尘世纷扰！"

　　举杯同饮，这一杯老酒在历史的长河中流连，给予世人一个关于老酒与陆游的想象，一杯敬了好友，一杯敬了岁月。八百多年的守候，换来世人对老酒的倾心。在这小桥流水人家的江南绍兴，你我何不伴着酒香，也醉一回？回首岁月，温柔时光。

西施醉酒计

　　相传越国败给吴国后，越王采用了大臣的一个计谋："遗美女以惑其心，而乱其谋。"把美女西施等人献给吴王，打算以美女迷惑吴王。

一天，在土城山学艺的西施，终于把范蠡给盼回来了。而范蠡带来的却是越王勾践的命令，让西施马上奔赴吴国担任特殊的使命。得知消息的西施与范蠡对视许久，默默地流下了泪水。范蠡突然用双手捧住西施那无比美丽的脸蛋，久久地审视着，泪水渐渐蒙住了双眼。范蠡看到西施因身体欠佳而愈加苍白的脸色，想着：如此苍白的脸，去到吴王夫差那边能得到吴王的宠幸吗？如果得不到吴王的宠爱，那我们的计谋岂不是落空了？

范蠡灵机一动，终于想出了一个办法。他想到会稽山中一位老人送给他的珍藏了多年的老酒，说："施妹，你就要去吴国了，我们在这里痛饮一杯吧。"

"为了成就一个千古壮举，干！"

"我西施，为了追随范郎，不惜粉身碎骨，干！"

西施一杯老酒下肚，脸色变得红润了起来，气色、风采和神韵都与刚才大不一样了。范蠡望着西施红扑扑的脸蛋，心想，如此动人的美人儿，怎能不让吴王神魂颠倒？

赴吴国的大船已经备好。范蠡陪护着西施登上那只龙首凤尾的大木船，把那个装老酒的陶瓮也带上了，两人一边观赏沿途景色，一边继续饮酒。

进了吴王宫殿，夫差见了西施，大吃一惊，以为是月宫中下凡的嫦娥仙子，便封她为娘娘。从此，夫差与西施形影不离，淫欲无度，一连数月不理朝政。

范蠡思念西施，却不能相见。于是，他到会稽山中各村落搜罗民间藏酒，载上数车，献给吴王。

范蠡说："大王，这越酒还是当年仪狄仙子传下来的酿制技艺，已经传了数千年了，在老百姓中间传承不绝，请大王品鉴。西施娘娘生长于会稽山中，喜好越酒，所以微臣特意从民间搜集两车陈年藏酒，献给大王！"

夫差听到西施娘娘也喜好这越酒时，便来了兴致，并向范蠡还礼致谢。

等范蠡出门后，夫差吩咐侍卫把越酒运往馆娃宫，自己也去见西施。但见西施郁郁寡欢，脸色如霜，便说："我的宝贝啊，我把越酒给你带来了，你喜欢吗？"

西施立即露出欣喜的笑容，说："大王，这可太好啦！"

从此，夫差经常在月上柳梢之时到馆娃宫与西施共饮。西施喝上几口酒后，脸蛋儿就显得红扑扑的，更加楚楚动人，撩拨得夫差更加神魂颠倒。夫差一边给西施斟酒一边说："喝下这一杯，你想要什么，我就给你什么，除了天上的月亮之外。"

"可是，大王，我什么都不要，就要天上的月亮。"西施撒娇地说。

"这可难倒我了！"

"这么简单的事情，还会难倒大王？"

"我的美人儿，这天大的难事还说简单？"

"那么，大王，我给你一个月亮，你准备喝几杯呢？"

夫差想，这天上的月亮反正是摘不下来的，便说："你能给我一个月亮，我就连喝三杯！"

"一言为定！"西施从旁边荷花池里掬起一捧水，窝在手心里，"大王，你看，我手心里不是有个月亮吗？"

夫差仔细一看，西施那白嫩的手心里有一汪水，水里有一弯明月的倒影。"真是个聪明的宝贝，为了

美人的欢心，我连喝三杯。"

夫差三杯酒喝得酩酊大醉，被西施扶到床上躺下，便呼噜呼噜地睡着了，一夜平静无事。到第二天拂晓时分，远远地从山上传来一个苍老而嘶哑的声音："别忘了勾践的杀父之仇啊！别忘了越国的险恶用心啊！"

夫差说："什么事都要他来管，我非要除掉他不可！"

西施醉舞娇无力，笑倚东窗白玉床。酒香醉人，美人醉人，爱江山更爱美人……

酣畅画葡萄

　　一个初秋，秋风卷着萧瑟，充斥着山阴的青藤书院。徐渭，即徐文长，当时年过半百。徐文长虽被称为"神童"，但他百日丧父，兄弟不和，妻子早亡，仕途坎坷，精神接近崩溃。嘉靖四十五年（1566），因怀疑继妻不贞而杀死妻子，入狱七年。

回想往事，半生落魄。他掀开满是破洞的薄被，艰难地起身。喝了一夜的花雕酒，他现在昏昏沉沉。大约已过午时，徐文长准备找点东西填饱肚子。他摇摇晃晃地走到厨房，打开米缸，却发现只剩几粒米。"这几天又没有字画卖出，怎么会有钱买米呢？罢了，罢了！"

徐文长回到卧室，摇了摇每一个散落在地上的酒瓶。酒已空了几大瓶。这花雕酒是徐文长的最爱，并且花雕酒是绍兴老酒中浓度最高的，深黄带红，晶莹剔透，郁香异常，味醇甘鲜。徐文长每次一喝酒便要喝得尽兴。他趴在木桌上，摇了摇桌子上的酒瓶。见还剩半瓶花雕酒，他立刻大口喝起来。桌子上还摆着一盘紫黑葡萄。这是同乡好友张元忭赠送给他尝鲜的。看着这一颗颗新鲜饱满的葡萄，文长出了神。这一串葡萄要经历什么才能被送到这里？正如花雕酒要经过怎样的选材陈酿才能达到如此完美的境界。是陈三年、五年，还是十年？

徐文长拿着酒杯，摇摇晃晃地走到书桌前，想要为葡萄创作一幅画。这时，老仆敲门走了进来，说："老爷，县太爷派人送来了请帖，请你三日后去高府赴宴。""不去！"徐文长头也不抬地回应，继续整理着纸张。

说起这个县太爷高云大人，他十分欣赏徐文长的画作。来到山阴做县令后，他就多次以父母官的身份请求徐文长作画，然而徐文长多次以老病不能提笔而拒绝。现在，县令高云即将离任，所以他无论如何都要得到徐文长的画作。因此，他一次又一次地送请帖，但都无功而返。

"老爷,高大人即将离任,看在他多次诚恳请求您的分上,是否去赴一次宴呢?毕竟高大人马上要高升了。"老仆再一次把请帖放在了书桌上。"不去!我不可能去的!"徐文长开始变得烦躁起来,揉皱了刚刚铺平的画纸。"好的,老爷。"当老仆正准备退出去时,徐文长叫住了他:"等等。"只见徐文长展开了一张画纸,大笔挥洒了五个字"青天高一尺",并且落款"青藤徐渭书"。徐文长把这条幅递给了老仆:"就拿这幅字去交差吧!"老仆接过字幅,退了出来。

徐文长重新坐回书桌前,喝光了仅剩的一点花雕酒,想着高云的升迁和自己的仕途坎坷,不禁悲愤不已,怨愤难平。伴着微微的醉意,徐文长习惯性地握笔挥洒,宣泄愤懑,寄托胸怀,一幅传世名画《墨葡萄图》就这样创作出来了。多少坎坷无奈,在这一瞬间，喷涌而出。

《墨葡萄图》上的葡萄个个水灵晶莹，鲜艳欲滴，藤蔓缠绕，叶片茂盛，笔墨酣畅，浑然天成。在画的左上角以行次攲斜的草书题诗：

半生落魄已成翁，独立书斋啸晚风。

笔底明珠无处卖，闲抛闲掷野藤中。

跌宕纵横的笔法，慷慨淋漓，诗画相配，呈现出"画中有诗"的高超技艺。正如张岱所言："今见青藤诸画，离奇超脱，苍劲中姿媚跃出，与其书法奇绝略同。昔人谓摩诘之诗，诗中有画，摩诘之画，画中有诗；余谓青藤之书，书中有画，青藤之画，画中有书。"

现在《墨葡萄图》仍挂在故宫博物院供人欣赏，

而徐文长最爱的花雕酒在历史的长河中越发醇香。抿一口浓郁的花雕酒，世人仿佛可以翻开历史的画卷，在徐文长的书桌前看到他绘画时的恣意洒脱，更可以感受到他喝酒时的享受与沉醉。

画梅来沽酒

　　元朝末年，国家几近凋亡，爱国人士
王冕欲救国图存。为了寻找救国救民的道
路，年近古稀的王冕买舟下东吴，渡长
江，入淮楚，到大都（即北京），出长城，

遍览塞北风情，足迹遍及洛阳和关中，几乎游历了半个中国。所到之处都是生产凋敝、民不聊生的景象。官吏横行不法，百姓怨声载道，各地农民纷纷起义。王冕觉得元王朝已经不可救药，既然天下无道，自己的才华无法施展，当然也不愿与之浊流同污。于是他采取了儒家"无道则隐"的人生态度，洁身自好，保持操守。

回到绍兴后，他在会稽山下的九里村选择了一处依山傍水的空地，搭起三间茅草屋，种上梅树、翠竹，和妻子儿女一起居住，自号"梅花屋主"。当时他画的梅花已名声在外，达到了炉火纯青的地步，因此向他求画的人络绎不绝。他的画对有钱人是按尺论价，对穷苦百姓是分文不取。但老百姓得了他的画总要送米、送土酒、送山货给他。他空闲时还在茅屋附近锄地种菜，生活过得倒是有滋有味。

不过，那个在衙门里干事的老邻居六斤还是经常寻上门来，请求他出任官职。王冕一次次地婉言相拒，他还是一次次地上门。王冕无奈，只好在门上贴了一张梅花图，并在上面题诗曰："疏花个个团冰雪，羌笛吹它不下来。"当时文学家李孝光和同乡名儒王艮都想劝他为官，见到门上这幅梅花图后，都不敢再启齿了。

有一天，王冕正在自家茅屋里画梅，外面突然传来一阵嘈杂声。他抬头朝外面一望，茅屋前围了好多人。这些人看着像难民又像土匪，那个为首的高个子大汉上前叩响了茅屋的门："王先生在家吗？"

王冕想，今天又要来处理这事儿了！于是他顺手拿起一根粗大的竹杠。

那个高个子用手轻轻一抓，就把王冕手里的竹杠给抓住了，王冕动弹不得。

"王先生，别误会。我是看到您家门上的梅花图，见画如见人哪！知道先生居住在此，便特来拜访。"

王冕道："长官，有什么吩咐，请直说！"

高个子道："我们是农民起义军……"

"农民起义军？如今到处都是农民起义军！官府里为了败坏农民起义军的名声，号称农民起义军，到老百姓家里去抢粮抢钱……你们就是这样的农民起义军吗？"

"王大哥，息怒，息怒，我们只是慕名拜访呀……"高个子大汉正为难之时，一骑快马奔驰而来。到了王冕和高个子面前，那中年汉子翻身下马，从衣袋里拿出一封信交给高个子大汉，然后转头脱帽对王冕道："王冕大哥，我是宋濂呀！"

"啊！宋濂兄，原来是你！"王冕喜出望外。

"王冕大哥，你误会了。这位大哥就是以劫富济贫名扬四方的胡大海将军呀。为了革除腐政，救百姓于水火之中，重整祖国大好河山，我们都投入了朱元璋大帅的起义部队。"

"如此甚好！来，屋里坐，屋里坐！"当下，王冕将自己刚画好的梅花图叫弟子拿去换两瓮老酒来招待胡大海和宋谦。

席间，胡大海道："王先生，我军奉大帅之命，就要去攻打绍兴城了。您说绍兴的老百姓会拥护我们吗？"

王冕道："只要是正义之师，百姓们怎么会不跟从？"

于是，七十多岁的王冕穿上戎装和起义部队一起出发了。

稽山善酿酒

在绍兴的稽山里，住着一位孤苦伶仃、热情善良的老奶奶。她一人住在山腰的小屋里，以卖草鞋为生。她热情招待每一个来山里砍柴的人，而她的小屋也成了来往人们歇脚休息的地方。

一日，老奶奶的小屋来了一个跛脚的老乞丐，脸色苍白，举步维艰。老奶奶连忙把老乞丐扶进了屋子，检查后发现老乞丐脚上得了烂疮。老奶奶关切地说道："这几日你就安心地待在这里好好养伤。"连续几日，老奶奶定时为老乞丐擦拭、换药、准备三餐，一切事情尽心尽力。几天后，老乞丐的脚彻底康复了，便决定离开。

"这几日多亏了您的照顾，我没什么好报答您的，这是几个糯米团子，希望您能收下。"老奶奶连忙拒绝道："我照顾你绝不是图你回报，这糯米团子你还是自己留着吧。"见此情况，老乞丐也不好再说什么："既然这样，那我另外送您一个礼物。"老乞丐说着，便在屋旁山泉流过的地方贴下几片粽箬。山泉流过，顿时由清变黄，香气扑鼻。"您可以来尝尝，这清泉已经变成了黄酒，您可以以此养老，后半生便无忧了。"老乞丐的声音渐渐飘远了，人也没了踪影。老奶奶捧起一点点黄酒，酒香扑面而来，小小地舐了一口，果然是上等的好酒。老奶奶突然意识到这老乞丐是天上的铁拐李。她叩拜上天，感谢赐酒。

从此，老奶奶便开始卖酒。这酒虽是上好的美酒，但老奶奶卖得很便宜。来来往往的砍柴人更愿意来此歇脚了。遇上没钱买酒的砍柴人，老奶奶仍热情招待，好酒管够。就这样，老奶奶以及她黄酒的名声便慢慢传了开去。

这时，县官莫德贵知道了老奶奶的好酒，立刻前往。莫德贵绰号"刷白烟囱"，意思是表面雪白，肚里墨黑。他对老奶奶的酒早已垂涎三尺，叫上了十几个家丁，带上了好几口大缸，前往稽山。

当莫德贵尝到了黄酒的味道后，连连称赞："好酒，好酒！"他此前已经听说了老奶奶黄酒的来历，便想要偷偷地寻找那几片粽箬，想把粽箬贴到自己的花园里。当他看到那块贴着粽箬的石头时，欣喜若狂。他连忙叫上家丁把粽箬撕下来。然而，"砰"的一声，那粽箬霎时间变成了一只大酒缸，把莫德贵狠狠地压在了下面。任凭家丁们费了九牛二虎之力，那酒缸仍是一动不动。慢慢地，酒缸变成了一块石头，屹立在清泉边。

从此以后，老奶奶的酒少了一半。可是，当地的地头蛇恶棍谁也不敢再来霸占这黄酒了。

老奶奶与她的酒的名气越传越大，大家都来她这喝酒。于是便有人提议应该给这酒取个名字。此时一位老顾客说："老奶奶之所以有这段奇缘，全是因为她的善良，不如就叫'善良酒'吧！"众人皆附和，于是这酒便被称为"善良酒"。后来，人们渐渐读错了读音，这黄酒便变成了"善酿酒"。

但不管是"善良酒"还是"善酿酒"，它都在一口一口的品尝和品味中，俘获了世人的青睐。也许有你，也许有他……

投醪来劳师

　　一个二月的早春，数万越国军队在会稽山下的一条小河边集结。越王勾践经过"十年生聚，十年教训"，兵强马壮起来，国力也有了很大的提高；报仇雪耻、收复

失地的时机已经成熟，万事也已俱备，五万壮士就要挥师出发。

越王勾践与夫人道别，与留守国内的大夫辞行。

勾践身穿铠甲，佩剑挂弓，威风凛凛地登上战车。"将士们都准备好了吗？"勾践喊道。

"我们都准备好了！请大王下令吧！"

"大家有战胜吴贼的信心吗？"

"吴贼必败，大越必胜！"

接着，勾践下达了几条命令：凡是家有年老的父母却没有弟兄抚养的留在家中；凡是有兄弟四五人皆在军中的，留下一人在家；凡是有残疾或重病的留在家中休养。结果还是没有人报名留下。接着勾践宣布军纪。就这样，人人都有了赴死之心。

就在大军将要启程时，越地父老迈着稳健的步伐走来，其中打头的老人叫住了勾践："孩子，孩子。"

勾践见到父老，像往常一样下叩："叩见各位父老。"瞧见父老搬着一坛酒，勾践问道："您这是？"

"唉，这坛老酒酿造多时，想必酒香四溢，好喝至极，用来预祝你们旗开得胜，早日凯旋啊！"

"您真是破费了，用不着这样的！之前也是因为我的过错，才会使国家陷入此境的，真是破费了。"

"唉，这么些年，你改变了很多，也付出了很多。如今，战队也强大起来了，国家还得靠你们。这些酒你就收下吧，也振振士气。"

这一席话，说得勾践双眼湿润，他闻着一阵阵从坛中溢出的酒香，百感交集，思绪万千。他为自己当年的无知给百姓带来深重灾难而愧疚，又为有如此通情达理、生死与共的好臣民而宽慰，他含着热泪对军民大声说："我戒酒二十载，所盼乃今日，

而今开戒，不灭吴国，誓不返回！"并登上祭台对天祈祷："苍天助我！祖宗佑我！"

说罢，以酒酬军，因人多酒少，勾践命人将酒倒在河的上游，与将士同饮。将士们喝完酒，士气大振："报仇雪耻、灭吴兴越！吴贼必败，大越必胜！不亡吴贼，决不收兵！"

越国军队就这样浩浩荡荡地出发了，他们在太湖以北，与吴兵展开了一场惨烈的大战，短短几天时间就彻底打败了吴国，报了仇，雪了耻，使越国的老百姓扬眉吐气。

"悠悠鉴湖水，浓浓古越情"，自那之后，潺潺的投醪河就成了百姓们的庆胜之地，喝老酒习俗也被人们发扬传承了下来。

兰亭会流觞

　　转眼春天如期而至，处处万物复苏、鸟语花香。晋代贵族、会稽内史王羲之的府邸中也显示出勃勃的生机，姹紫嫣红，流水叮咚。在一座古色古香的小亭中，王羲之与好友谢安正在品茗。他们讨论着上巳节的计划，最终决定去兰亭游玩一番，尽情地游玩赋诗。

几日后，即永和九年（353）三月初三上巳节，王羲之携亲朋好友谢安、孙绰等四十一位全国的高官贵族一起来到了兰亭，举行了修禊祭祀仪式。结束后，他们在兰亭清溪旁席地而坐。王羲之敞开衣襟，靠着旁边的大石头坐下，双手散漫地垂在两边，高呼："大家尽情喝酒，尽情作诗，痛痛快快，可好？""好！"谢安首先应和。孙绰不甘示弱："要是谁作不出诗来，可要好好地罚酒一杯！要是醉了，我们就把你们抬回去！"顿时，所有人都发出了爽朗的笑声。

侍女已将酒杯倒满了酒。这酒由于酿造多年，再加上独特的酿酒材料，色泽呈琥珀色，透明澄澈，而且散发着浓郁的馥香。觞即古代的酒杯，通常为木制，小而体轻，底部有托，可浮于水中。规则是觞在谁的面前打转或停下，谁就得即兴赋诗并饮酒。

侍女将酒杯放入溪中，由上游浮水徐徐而下。觞流到了王羲之第四子王肃之面前，他拿起酒杯一饮而尽，大夸一句"好酒"。他思索片刻，吟道："在昔暇日，味存林岭。今我斯游，神怡心静。嘉会欣时游，豁尔畅心神。吟咏曲水濑，渌波转素鳞。""不错，不错！"接着，觞漂流到行参军徐丰之前面，他举起酒杯："我等这一杯酒可是等了好久啊！这黄酒真是名不虚传啊！"回味许久后，缓缓吟出："俯挥素波，仰掇芳兰。尚想嘉客，希风永叹。清乡拟丝竹，班荆对绮疏。零觞飞曲津，欢然朱颜舒。"

但也有作不出诗的，他们被罚了酒。几轮过后，四十二位文人的脸皆微微泛红。有些文人已经醉了，满脸通红，却大喊"再来再来"。不少文人袒胸露乳，洒脱自然。有的文人则靠着石头呼呼大睡。最后，在这次雅集中，有十一人各成诗两篇，十五人各成诗一篇，十六人未作出诗，各罚酒三觚。

夕阳西下，人们已沉醉许久，王羲之慢慢从恍恍惚惚中清醒过来。他晃了晃脑袋，环顾四周。文人们的诗作散落一地，随意放置。于是王羲之把各篇诗作整理起来。他借着微微的醉意，用蚕茧纸、鼠须笔挥毫作序，乘兴而书，写下了举世闻名的"天下第一行书"《兰亭集序》。

永和九年，岁在癸丑，暮春之初，会于会稽山阴之兰亭，修禊事也。群贤毕至，少长咸集。此地有崇山峻岭，茂林修竹，又有清流激湍，映带左右，引以为流觞曲水，列坐其次。虽无丝竹管弦之盛，一觞一咏，亦足以畅叙幽情。

是日也，天朗气清，惠风和畅。仰观宇宙之大，俯察品类之盛，所以游目骋怀，足以极视听之娱，信可乐也。

┈┈┈┈┈┈

历史的书卷已翻过一千六百多页，如今，黄酒酒香穿过兰亭的亭台楼阁、茂林修竹，诉说着那个关于曲水流觞的故事。世人在曲径通幽处驻足，仿佛看到王羲之恣意挥毫的画面。随着笔墨的挥洒，一杯酒，一种心境，世人便与王羲之一道，沉醉在历史的岁月中。

武宗题"孝贞"

　　传说，明武宗微服来到孝贞酒坊，听闻绍兴老酒名气颇大，早就有"越酒行天下"之说，他到了绍兴，岂有不尝之理。一天，武宗换上了便衣，独自去酒馆。

"小二，来壶上好的老酒！"店小二应道："得嘞，客官，马上就来！"说完便呈上一壶烫好的老酒。

武宗缓缓地倒了一杯老酒，伴着醇厚的酒香，细细品了一口。"好酒，好酒啊！这绍兴老酒果然名不虚传！""客官有所不知啊，这老酒酿得最好的还数出城十里之外的东浦小镇，有道是'绍兴老酒出东浦'。"

武宗向店小二问了东浦小镇的地址后，便动身前往。

当武宗慢慢靠近东浦小镇时，阵阵酒香已经扑面而来。伴着浓郁的老酒香气，武宗在小镇随意闲逛。转过一个路口，看到了一家酒坊，没有店名，只有一个老婆婆和一个年轻妇女在招呼客人。

带着好奇心，武宗走进酒坊，坐在了一张简陋但干净的木椅上。年轻妇人温柔地询问："请问客官来点什么？"武宗点了一壶老酒和几盘家常小菜："请问这家小店为什么只有你和老婆婆经营呢？"这时小店的客人并不多，年轻妇女便坐在了武宗的对面，聊起了自己的往事。

原来这个年轻妇女是老婆婆的儿媳妇，她本与丈夫过着幸福美满的生活，不幸的是，她的丈夫在村里的抗洪救灾中牺牲了，婆媳两人顿时失去了依靠。好在婆媳两人的酿酒手艺在小镇上颇有名气，当地的大善人周佳木帮助她们开了这家小店，婆媳两人便以此为生。转眼间几年过去了，白驹过隙，婆媳俩过着简单朴实的生活。

转眼夜幕降临，小镇已没了回客栈的船。武宗询问道："不好意思，天色已晚，能否在你家借住一宿？"年轻妇人犹豫了一会，温柔答道："这位客官，此事我需要同我婆婆商议，请您先等等。"老婆婆思索片刻，考虑到客人回客栈确实多有不便，便点头同意。

老婆婆拿出了自家酿的老酒，并在上面放了一片竹叶："我们这样的人家，没什么好招待您的，这是我们婆媳俩自己酿的老酒。但这老酒太烈，须慢慢喝。我在上面放一片竹叶，好提醒您切不可一口气喝完。"这便是后来著名的竹叶青（绍兴老酒的一种）。武宗端起酒杯，细细闻了一下，果然是白天闻到的味道，醇香浓郁。轻轻拂去上面的竹叶，品了一口，带着一丝甜味、一丝酸味，又夹杂着一丝苦味、一丝涩味，几种相差甚远的味道在口中融合、碰撞，产生一种难以言说的感觉，而这恰恰正是老酒的独特魅力。

喝完几盅酒后，伴着浓浓的酒香，武宗便沉沉地睡去了。转眼，天蒙蒙亮，武宗起身向两妇人道谢，拿出了一个金元宝递给她们："这是你们招待和收留我的报酬，请务必收下。"婆媳俩连忙推辞："万万不可，这太贵重了，我们不能收。"武宗见婆媳两人万般推辞，便不好再坚持，于是让婆媳俩拿出纸墨，题赠了"孝贞"二字。回京后，一道圣旨将其钦定为朝廷贡品。

两百年后，乾隆南下巡视，也慕名前来。这位热衷于到处留墨宝的大清君主，在品尝到东浦佳酿后，自然又有一番挥洒，赏赐金爵。自此，孝贞酒坊便将乾隆用过的这只金爵印在方单上作为商标。酒坊名声因此大振。

如今，孝贞酒坊的坐落处已是住宅，但街南街北的旧时牌匾仍在向世人诉说着关于酒坊的故事。醇香浓烈的老酒中带着一丝甜味、一丝酸味，又夹杂着一丝苦味、一丝涩味。而这也是绍兴老酒穿越历史所留下来的独特味道。

仙人偷美酒

　　绍兴东浦一名叫周佳木的酿酒高手，是乡亲们口中的厚道老实人，他凭着自己独特的酿酒手法，把自己的生活过得有声有色。同时，周佳木善良热情，帮助乡亲

父老们学会酿酒技巧，渡过生活的难关。

一日，周佳木的酒坊中来了一位七八十岁的老爷爷和一个十六七岁的小姑娘。他们穿着破烂，虚弱无力。老爷爷拄着拐杖，一瘸一拐地走进来，有气无力地说道："好心人，请给我们爷孙俩一点吃的吧，我们从外地逃荒而来，已经几天几夜未曾吃过一口饭了。"周佳木看到爷孙两人，连忙引进来，准备了些食物和酒："老人家，您多吃点。"老爷爷感到不解，赏口饭吃已是大恩大德了，万万不可再拿酒。于是，老爷爷连忙把酒还给了周佳木："好人家，有口饭吃就够了，这酒我们是一定不能接受的。"周佳木微笑着回答："那您就帮我们打个广告，如果您觉得我的酒好喝，就帮我们好好宣传宣传啊！"老爷爷无法推辞。他喝了一口黄酒，立刻称赞："这绝对是天底下最好的美酒！"老爷爷吃完饭喝完酒后，便带着小姑娘告辞离开了。

几日后，这位老爷爷和小姑娘带着几个同样衣衫破烂的中年男子来到了周佳木的酒坊。"好人家，您酿的酒实在是太美味了，我们能不能再喝上几口？这几个是我们的同乡，也是和我们一起逃荒来的，您能否也赏口饭给他们吃？"周佳木顿时生起了怜悯之心，赶紧准备食物，包括自己酿的黄酒，好好招待了一番这几个中年男子。

又是几日后，这位老爷爷和小姑娘带了更多的衣衫褴褛的年龄不等的人来到了酒坊。"好人家，我们太想念您的酒了。对了，这几个是我们的同乡，也是和我们一起逃荒来的，您能否也赏口饭给他们吃？要是能有您酿的黄酒，我们真的是感激不尽。"周佳木依旧无法拒绝，便让这些人好好地吃饱喝足。他们喝完了一壶酒后，吵着还要再来一壶。周佳木便又给他们每人添加了一壶。他们叽叽喳喳地谈论着什么，周佳木听不懂。但是，周佳木看到他们喝完了自己面前的酒后，直接主动去寻找酒缸，一个一个扑到酒缸边上，大口大口地往嘴里灌。

到了后半夜五更天，周佳木和往日一样来到厨房想把酒缸装满酒。他看到跛脚老爷爷和那个小姑娘正围绕在酒缸边，小姑娘一点点地把天上的彩云拉下来，放在了酒缸里。跛脚老爷爷还时不时用拐杖在酒缸里搅拌着。周佳木正想上前问他们在干什么时，老爷爷和小姑娘向他招手。周佳木仔细一看，老爷爷和小姑娘是向天边招手。他们踩着彩云，慢慢地向天边飘去，渐渐地消失在周佳木的视线里。这时，周佳木闻到了一股不同寻常的酒香。这香气比以往的更加浓郁醇香，带有一点点的甜味和苦味。他走向酒缸，几大酒缸装满了酒。周佳木立刻反应过来，这老爷爷和小姑娘不是普通的难民，而是铁拐李和酒仙仪狄（黄酒创始人）。

周佳木靠着这缸酒，把自己的酒坊越做越大。因为这酒是酒仙仪狄采集彩云制成的，周佳木便把自己的酒坊取名为"云集酒坊"。然而周佳木一直死守着这个关于仙人偷酒的故事，直到他去世之时，才把这个故事告诉儿子，并告诫儿子千万要好好酿酒，认认真真酿酒。

云集酒坊的名气越来越大，这黄酒的名气也被传了开来。连仙人也忍不住偷的酒，用自己的魅力征服了千千万万的世人。携带一股酒香，穿越历史的洪流，创造独一无二的黄酒，这是周佳木的故事，更是黄酒的故事。如果可以，请在绍兴城中寻觅云集酒坊的踪迹，尝一口绍兴黄酒，那是承载故事与味觉的享受！

金龟换美酒

　　"金龟换酒"，是关于酒仙贺知章与诗仙李白的故事，是两个嗜酒如命的诗人之间惺惺相惜的相见恨晚。

　　据说天宝元年（742），诗人李白孤身

一人来到长安，背着一袋行李，装着一身的才华与梦想，渴望得到赏识，获得重用。但在这个繁华的大都市，李白望着川流不息的人群，油然而生的是满满的孤独感，没有朋友，更没有亲人。他环顾四周，走进了一家小旅馆，只当是歇歇脚的地方，或是简单的住宿的地方。当夜晚来袭，如泼了墨般的黑夜带来了无限的寂寞与愁思。李白站在窗外，陷入了沉思，何处能得到赞赏？何处？何处！

而同在长安这座城市中，已经官至秘书监的贺知章此时正坐在书桌前，拿着李白写的诗篇，细细品味。"到底是怎样的才子，才能写出这样的文章啊！"贺知章想，他能否有幸遇到这位他深深崇拜的诗人？

在长安逗留了一段时间后，李白决定去紫极宫（中唐时期的道观）游玩一番。阳光正好，就当是换一种心情吧。然而，所有的事情就是这么巧妙，千里马会遇到伯乐，而李白会遇到贺知章。

　　这天，贺知章也来到了紫极宫，他缓缓走下了马车。当他走向紫极宫的门口时，忽然看到了一个大约四十岁的男子。贺知章早已打听过李白的身世样貌，只为此生有幸能遇见李白。贺知章内心一惊，会是他吗？会是李白吗？他忍不住内心的激动，上前询问："请问你是李白吗？"李白看着前面这位头发几乎全部花白的老人，点了点头。贺知章难掩内心的激动。

　　他们开始攀谈起来。"我十分欣赏你的诗作，不知我有否这个荣幸读一读你的新作？""当然！"李白拿出了他新写的《蜀道难》。读完后，贺知章拍案惊叹："看来你就是天上下来的诗仙啊！"

　　眨眼到了黄昏，贺知章盛情邀请李白喝酒。

"走，我们一起去喝个痛快！"贺知章早年迁居越州山阴，自然最爱这越酒（绍兴酒在唐朝时的称呼），并且到了唐宋之际，越酒的酿造技艺全面发展，越州（绍兴在唐朝的称呼）更是成了天下闻名的"酒乡"。可是刚在酒馆坐下，贺知章想起自己忘带酒钱了。这该如何是好？贺知章思索片刻，便把腰间的金饰龟袋（官员的配饰，三品以上为金，四品为银，五品为铜）解下来当酒钱。"小二，来壶上等的越酒，这是酒钱。"看到贺知章把金饰龟袋当酒钱，李白连忙阻止："贺兄，万万不可，这是皇家按照品级赠予的饰品，如何能用它换酒呢？"贺知章仰天大笑道："这算得了什么？今日有幸与仙人结友，便要喝个痛快！区区龟袋如何能妨碍我俩一同享乐呢？"是啊，酒逢知己千杯少，何不来个开怀畅饮，一醉方休！并且两人怎能辜负这越酒呢！贺知章与李白高举大碗,喝得痛痛快快。

贺知章与李白都是嗜酒如命的人,贺知章更是被世人称为酒仙。几大碗越酒下肚,两个人才有微微喝醉的感觉。这时,夜幕已经降临,两个人不得已到了分离的时刻。"李兄,今日咱们开怀畅饮,一同享乐,快哉,快哉!择日,咱们再来一醉方休,可好?"李白放声大笑,"一言为定!"

后来,贺知章就向唐玄宗李隆基推荐了李白。那时皇帝也已久闻李白大名,于是就任命李白为翰林待诏。

然而在天宝三年(744),贺知章逝世。听到这个噩耗,李白陷入了无限悲痛,他独自对酒,怅然有怀,想起了金龟换酒的往事,写下了《对酒忆贺监》。

对酒忆贺监二首·并序

　　太子宾客贺公，于长安紫极宫一见余，呼余为谪仙人，因解金龟换酒为乐。殁后对酒。怅然有怀而作是诗。

其一

四明有狂客，风流贺季真。

长安一相见，呼我谪仙人。

昔好杯中物，今为松下尘。

金龟换酒处，却忆泪沾巾。

其二

狂客归四明，山阴道士迎。

敕赐镜湖水，为君台沼荣。

人亡余故宅，空有荷花生。

念此杳如梦，凄然伤我情。

于是贺知章金龟换酒与李白畅饮的故事渐渐流传了下来，金龟换的不仅仅是酒，也是贺知章与李白的互相欣赏与相见恨晚。

光阴流转，贺知章已逝世一千二百七十多年。诗篇，如何写得完贺知章与李白的深厚情谊？所有的相遇在越酒陈酿后的芳香中显得弥足珍贵。一生中太多的来来往往，都只愿：一壶浊酒喜相逢，古今多少事，都付笑谈中。

先生小酒人

　　鲁迅先生家在绍兴，他在三味书屋、百草园、周家祖房、恒济当铺度过了宝贵的少年时光，对家乡的人文、物产都有着极深刻的感悟，对绍兴酒自有特殊的感

情。所以鲁迅先生即使不嗜酒，也常常小酌，或会朋友，把酒论事，或自斟自饮，遣心中感怀。

鲁迅与范爱农是在东京留学时认识的。刚开始两人互相看不顺眼。鲁迅认为范爱农老是针对他，而且范爱农不尊师，懦弱得很；对于范爱农来说，因为对鲁迅的第一印象很不好，所以一直都不喜欢他。

1910年，鲁迅在家乡绍兴府中学堂任学监（教务长）兼生物教员。正巧有一次他碰见了范爱农，二人互相道好，便聊了起来。鲁迅看着范爱农头发变白了，人也落魄了许多，一问才知范爱农后来没了学费留学，便回了绍兴。回来后受到了蔑视与排斥，只能教着几个小学生糊口。

范爱农又告诉鲁迅他现在喜欢喝酒，于是，两人便开始喝酒。从此范爱农每次一进城，必定去拜访鲁迅，两人就去鲁迅在课余时间常去的绍兴下大路泰生酒店小酌。泰生酒店创立于清同治年间，两楼一底，楼上雅座。酒店菜肴烹调得法，价格公道，清洁卫生，常受到顾客好评。因此，鲁迅常在此饮酒，除独酌外，亦常在此会友，应酬对饮，纵谈天下，把酒论事。

他与范爱农也常在一起喝酒，醉后两人在交谈中说些"愚不可及"的疯话，旁人偶尔听到了也会发笑。到了冬初，二人的景况越发拮据了，但还是会喝酒，讲笑话。那时先是武昌起义，再是绍兴光复。第二天范爱农就上城来了，笑着对鲁迅说："我们今天不喝酒了。我要去看看光复后的绍兴。我们同去。"

后来，范爱农做了监学，穿的还是那件旧袍子，却不大喝酒了，整天忙碌着教书兼办事。但他命运坎坷，终是又变回了革命前的范爱农，景况日下，最后掉进河里死了。后来鲁迅先生回到故乡了解了一些较为详细的事。原来范爱农先是什么事都没的做，很困难，但还喝酒，不过是朋友请他的。但他水性很好，会凫水，又怎么会淹死了呢？他定是心里苦闷极了，屡屡遭受打击，受到蔑视与不公平对待吧。

鲁迅悲痛极了，他在《哀范君漳》中说："把酒论当世，先生小酒人。大圜犹酩酊，微醉自沉沦。"

水酉酿美酒

　　绍兴美酒名天下。关于绍兴酒的来历，和古代一个叫水酉的人息息相关。水酉，夏禹最有本领的手下。他还有个同父异母兄弟米曹，两人虽是异母兄弟，相处得却很是和睦。可是常言道:"鸡无三条腿,娘有两条心。"水酉的后母待他却很凶,吃的、穿的、用的,完全和亲生的米曹两样。

他们年幼时家住越州壶觞村。壶觞背靠大山岭,前临大湖。在一个春末夏初的上午,后母叫米曹放羊,叫水酉割草,并说:"羊吃饱了便可回来;草必须割得满满的,方许回来!"说完后母给水酉盛了半钵头麦稀饭,给米曹盛了满满一钵头糯米饭,叫他们当作午饭。

兄弟俩赶着羊群,沿着羊肠小道走去,不知不觉来到了大湖边,而这里刚好水草茂密,兄弟俩便停下脚步一个放羊,一个割草。到了正午,两人拿出饭钵头准备吃饭。米曹不忍看到哥哥吃麦稀饭,便把糯米饭倒到哥哥的钵头里。水酉不肯吃,重新把饭拨了回去。兄弟俩这么你来我往好多回,钵头里已经分不清哪是糯米饭哪是麦粞饭了。

这时，天气突变，乌云密布，接着狂风暴雨，兄弟俩只好扔下钵头，牵着羊找地方躲雨。等到暴雨过后，兄弟俩再回头找钵头，还没走近便闻到一阵浓香。拿起饭钵头一看，只见那两钵头饭浸在水里已经成了糜粥。这糜粥芬芳扑鼻，喝上一口，醉陶陶的，味道也好极了。兄弟俩商量着把另一钵头粥带回去给母亲尝尝。

到了傍晚，羊也吃饱了，草也割满了，兄弟俩高高兴兴地回家了。兄弟俩这还没到家呢，后母便闻到一股浓香，赶忙到门口张望，看见两儿子便说："你们那饭钵里头装了什么好吃的吗？"两儿子端来给她："母亲，您尝尝，这是我们不小心丢在雨里发酵出来的一种可口的食物。您快尝尝，好吃吗？""这口感令人沉醉啊。"后母一边喝着一边赞不绝口。

后来，水酉应征跟着大禹治水，看到伙伴们疲惫的身影，经常拿出亲自酿制的米酒来慰劳伙伴们："喝完这碗米酒，大家就继续鼓足干劲，加油干！"在给酒起名的时候，伙伴们把水酉两字合起来作为对水酉制作米酒的纪念。

至今绍兴民间还有老百姓自己制作米酒的习俗。往往在过年过节的时候舀一勺自酿的米酒待客，围坐在一起的友人们一边品着手中美酒，一边谈着过往云烟；孩子们还互相讲着水酉酿酒的故事，好奇并且学习着水酉这么个豪迈智慧的角色。

维桢酒伴诗

　　历史的齿轮在元末明初这一时期停下，伴着绍兴老酒的独特韵味，用《梦游沧海歌》向世人诉说着杨维桢与酒的故事。

　　这是洪武二年（1369），社会动荡，

百姓流离失所，部分文人逐渐开始寻找属于自己的生活方式。杨维桢，号铁崖、铁笛道人等，绍兴路诸暨州枫桥全堂村(今浙江省绍兴市诸暨市枫桥镇全堂村)人，是元朝著名的书画家、文学家和戏曲家，更是当时的诗坛领袖。

此时的杨维桢已经七十三岁高龄了。他高举一壶酒，醉了就醒过来，醒了就再醉过去。浓烈的金黄色老酒刺激着他的喉咙、他的脖子，乃至他的全身。惩治恶吏却惨遭贬职，仗义执言却得罪丞相达识帖睦尔。他满腹才华，也满腹忧郁。

杨维桢在挣扎与纠结中，毅然选择了结庐隐居。他选择隐在家乡的山水五泄(今绍兴诸暨)中，隐在一片青山绿水中，隐在一片无限的宁静中。他与鱼虾为友，与花草树木为伴。此时他与友人已没有了任何联系，唯一相伴的唯有老酒。

又是一天天亮了，杨维桢好像已经忘却了今日是何年何月。他简单地收拾了一下后，还是决定在院子和山里"荒度"一天。又是熟悉的一壶酒，杨维桢把酒壶挂在腰间，有点踉踉跄跄地出了门。南方的树林永远染满了翠绿的颜色，带着勃勃生机。一切都清醒过来了，一切都热闹起来了。鸟儿开始呼唤，鱼儿开始欢腾。"好景色，好风光啊！"杨维桢不禁赞叹不已，"配上我这一壶老酒更是美事啊！天下第一美事啊！"他迫不及待地打开酒壶，沉醉地喝了一口。杨维桢一步一步地欣赏美景，一口一口地喝酒。

在山水五泄中，在天地中，在忘我中，他或许可以忘却所有的忧愁、不快。渐渐地，杨维桢不知闲逛了多久，微微有了些醉意，便趁着最后一点清醒回了家。

夕阳在山的另一头慢慢藏起了自己的光芒，把每一个归人的影子拉得很长很长。走了大概一两个时辰，杨维桢回到了家。他望着满眼的翠绿，望着人生的那一头，那个书写着他无尽回忆的一生，在山头，在天边，慢慢清晰，慢慢模糊。在无限延长的浓郁酒香中，沉醉，沉醉。

慢慢清醒，已是半个时辰后，杨维桢转身回到小屋，拿起纸笔，酣畅淋漓地写下了《梦游沧海歌》：

东海之东去国十万里，其洲名沧洲。

地方五百里，上有琼涛玉浪出没九岫如罗浮。

风光长如二三月，琪花玉树不识人间秋。

人鸟戏天鹿，昆吾鸣天球。

橘子如斗，莲叶如舟，白凤如鸡，红鳞如牛。

青瞳绿发紫绮裘，日夕洲上相嬉游。

铁崖道人豁九州，凌风一舸来东沤。

始青天开月如雪，锦袍着以黄金楼。

楼中仙人睨物表，瑶笙引鹤缑刍头。

戏弄玉如意，击碎珊瑚钩。

相招元处士，浩歌海西流。

长梯上摘七十二朵之青菡萏，玉龙呼耕三万六千顷之昆仑丘。

黄河清浅眼中见，海屋老人为我添新筹。

转眼历史的齿轮已向前转了六七百年。《梦游沧海歌》在历史的沉浮中被世人阅读、品味。或许

世人已找不到当年杨维桢游玩闲逛的踪迹，但再读
《梦游沧海歌》，仿佛又能想象到杨维桢摇摇晃晃喝
酒、醉意人生的画面。迷迷糊糊，却又清清楚楚，
如那一壶陈酿的老酒，令人沉醉，又令人清醒。

洪绶醉丹青

　　素有"书画之乡"美誉的绍兴，在明末清初之际出现了许多书画名家，陈洪绶就是其中的杰出代表。陈洪绶，浙江绍兴府诸暨县枫桥陈家村（今诸暨市枫桥镇陈

家村）人。除了书画闻名，他还有一个鲜为人知的自称——老渴。

在他二十七岁时，赋有《红树》诗十首，其中九首都有"酒"字或是"醉"字，唯独没有"酒"字的一首诗是这样写的："老渴今年二十七，未有当筵不唱歌。但使年年如此日，随他日月去如梭。""老渴"二字是他对自己的嗜酒最形象的概括。之所以叫"老渴"，而不叫"酒仙""酒鬼"，则表明陈洪绶对酒的依赖与喜好，没有酒就会饥渴，酒对他来说就像是水对人一般重要与必需。

《调鼎集》中写道："天下酒甜者居多，饮之令人体中满闷，而绍酒之性芳香醇烈，走而不守，故嗜之者为上品，非私评也。"陈洪绶就用实际行动表达出他对绍兴酒的喜爱。

不过他虽嗜酒如命，但酒量却不怎么样。他

每饮必醉，却还是爱那醇烈的深黑酿。周亮工说他："急命素娟，或拈黄叶菜佐绍兴深黑酿，或令萧数青倚栏而歌，然不数声，辄令止。或以一手爬头垢，或以双指骚脚爪，或瞪目不语，或手持不幸口戏顽童，率无片刻定静，凡十有一日计，为予作大小横直幅四十有二。"可见他不仅酒量不大，酒品也不太好。但是酒后灵感大发，画得确实极好。他画的仕女图，妩媚而不放浪，都是千金难求的名画。

陈洪绶虽是明末杰出的画家，但一生境遇坎坷。他年轻时曾数次赴京应试不中，后卖画积累钱财进入国子监，看清了官场上的尔虞我诈与黑暗后，终是灰心离去。

清朝建立初期，需要通过应试来选取贤能之人，有两位王姓友人劝陈洪绶去应试，认为这是他展现自己才能的大好时机，但他却再也无心官场生活，他在诗中说："二王莫劝我为官……一双醉眼望青山。"不仅仅是看透了朝堂上的斗争，更是对明王朝的不舍：我日日饮酒作画、作诗，将我所看所想描摹下来。喝了酒可以使我暂时忘却忧愁，醉时说不定能看见曾经繁华的明王朝，醒后会更加忧愁，但我只愿看着这壮美的江山，不愿进入官场，所以两位友人还是不要再劝我了。"腐儒无可报君仇，药草簪巾醉春秋。"他对明王朝是又留恋又绝望，明朝覆灭后他避难绍兴云门寺，削发为僧，自称悔僧，后还俗，以卖画为生，终年五十五岁。

史书上虽未说明他的死因，但他的诗中却有所表露："恼我频年酒病侵，经旬不饮作书淫。"此处写明他嗜酒带给了他病痛，所以他的早逝，很有可能也是因为嗜酒。

醉眼丹青，是一代艺术家留给我们的美好。

饮酒谈杀敌

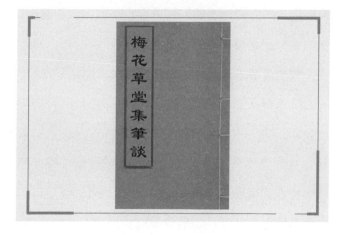

嘉靖年间，倭寇屡次骚扰东南沿海。

吕光午，一名文，字正宾，号四峰，

别号长离，吕世东之子，也是吕光洵之兄

弟，他与其胞兄吕光升，以及徐渭、杨珂

等结社，号称"越中十子"。志载他们"诗词翰墨，号称两绝"，皆当时才俊。吕光午师事泰州学派宗师何心隐，为人倜傥不羁，善诗文，工真草，更善画，喜谈兵，谙韬略，早年绝意功名，好读古书，喜壮游。他也是浙东一位有名的侠客，以诗赋抗倭闻名。

浙江督抚胡宗宪养僧兵于杭州禅寺，吕光午与一少年入寺，为僧兵戏弄，怒击五百人，皆流血被面，被称为"天下勇士"。徐渭作诗赞曰："幕府厅前脚打人，夜报不周崩一壁。"

又倭寇包围桐乡，形势甚危，吕光午单骑破围，杀倭数百解围。其击倭寇时，每于倭酋之腰夺其刀。徐渭又作诗赞之曰："有如前日桐乡之围无吕君，却是睢阳少南八。吕君虎腰额虎额，万橹梯城双臂格。"喻他为唐安史之乱中睢阳解围之猛将南霁云。又督抚阮鹗被倭寇困于桐乡，吕光午单骑破围，杀倭寇数百解围，阮鹗感激涕零，欲封官与他，被他谢绝，遂赠米五百石作为酬劳，吕光午全部分给当地饥民，空囊而归，其仗义疏财如此。

后解桐乡之围后，吕光午邀徐渭做客新昌。席上，摆着美酒美食。席间，两人饮酒笑谈，谈吕光午如何杀敌，杀了倭寇首领并取其腰下刀，如何放弃高官厚禄，谢绝封官，又如何分粮于百姓，空囊而归……吕光午边喝酒边向徐渭道来杀敌时的情景。能从倭寇的刀下救人，此人定是英武不凡，徐渭在席间不吝赞美，二人相谈甚欢，畅饮美酒，无话不说。徐渭本就对吕光午大加赞赏，经过这一次的谈话，更是对吕光午心生钦佩，吕光午也为交着这么一个朋友心生喜悦，二者皆是尽兴而归。后吕光午将倭刀赠予徐渭，徐赋诗作答：

海气扑城城不守，倭奴夜进金山口。

铜签半传鹏鹈青，刀血斜凝紫花绣。

天生吕生眉采竖，别却家门守城去。

独携大胆出吴关，铁皮双裹青檀树。

楼中唱罢酒半醺，倒着儒冠高拂云。

从游泮水践绳墨，却嫌去采青春芹。

吕生固自有奇气，学敌万人非所志。

天姥中峰翠色微，石榻斜支读书处。

此后，吕光午也因倭寇一战而出了名。万历初年，日本犯朝鲜，下诏聘天下谙将略者七人，吕光午居第二。后吕光午的师傅何心隐被张居正暴尸于朝天门，并有羽林军数千在其左右。月下有两人负其尸体而去，吕光午则仗剑为二人殿后，无人敢上前阻拦。有记载称吕光午"犯相国之怒，仰天大哭，收其遗骸，为之掩葬"。明笔记小说张大复《笔谈》载其事，后不知所终。

糟烧梅渚人

　　明末清初，新昌县梅渚一带流行着民间自酿的黄酒，经过滤沉淀之后将黄酒酒糟拌于稻谷砻糠中烧出白酒，古时称该酿酒工艺为"梅渚糟烧"。梅渚村位于新昌

县城西南十公里处，建于宋朝，是梅渚镇第一大村，富有十分深厚的历史文化底蕴。

说起这"梅渚糟烧"的工艺，竟来自一个偶然发生的故事。有一年，寒冬腊月，在梅渚的一个农户家中，黄姓老农正对着自家的酒缸发愁。老农爱喝酒，平日里也总爱招呼些朋友来家中饮酒论事。可如今已到腊月，宾客将至，黄酒却无，这该如何是好？老农摸遍全身，只搜罗出一两银子，而这是万万不够的。老农坐在地上，望着酒缸深深地叹息：难道真的就无计可施了吗？

灵光一闪，老农起身，望向家中剩余的些许黄酒糟粕——虽然黄酒喝完了，但这些遗留下来的糟粕或许还能带来些转机。想那黄酒是由糯米制成的，糯米属于粮食，那既然糯米能制酒，其他的粮食是否也能呢？老农的目光转向了院中堆放的几堆稻谷砻糠上，突然间计上心头。

砻糠与酒糟，听起来是两种毫无关联的事物，但既然家中已无酒，为何不死马当作活马医，说不定能生出别样的火花呢？老农将剩余的糟粕与砻糠一起倒入碗中，再将碗放入蒸笼里进行蒸煮。片刻过后，他揭开蒸笼一看，碗底还沉着一些谷物的残渣，而被析在上层的已是滴滴通透的酒液。与黄酒不同的是，此番提炼出来的酒液呈白色，看似无味，闻起来却更为醇香。老农大喜，立刻轻酌入口，品出的味道竟是柔和纯正，品后不口干、不头痛，让人意犹未尽，在后劲方面显然更胜黄酒一筹。

"酒香不怕巷子深"，酒的味道很快就吸引了街坊邻居去黄老农家探个究竟。老农还沉浸在发现新酒的喜悦之中，端着手中的酒碗给在场的各位品尝。邻居们脸上都露出了吃惊的神色，实在是大开眼界！

老农不仅成功地将酒缸重新装满，与友人一醉方休，还将此技艺传了出去，梅渚村几乎家家户户都习得了这种新式的制酒手艺。

"梅渚糟烧"一名也是因这生产和地缘关系得来的。后来村民们在老农做法的基础上，对原料、火候进行了加工改良。春去秋来，"梅渚糟烧"的技法逐渐精湛，它的名号在民间也流传开来。

每到逢年过节之际，梅渚村中家家户户都会酿制"梅渚糟烧"来款待异乡宾客，让归乡的游子更添一份对梅渚家乡的记忆，也让前来做客的异乡朋友品到别样的梅渚味道。

对于身处异乡的游子来说，"梅渚糟烧"是思念，是回味时缭绕不绝的酒香，是夜深时数不尽的乡愁；而对于闻名前来的客人来说，"梅渚糟烧"是热情，是涤荡着心灵的层层海浪，是身处异乡的别样体验。

老酒敬孝民

这篇故事，我们要讲一个人尽皆知的皇帝——明太祖朱元璋。说起朱元璋，他从一个小小的农民一步步走到了皇上的位子，实属不易。综观他的一生，可以看出他是一位性格复杂、处事极端的皇帝，但后人在他身上也挖掘出了许多美好品质，不禁令人赞叹。

朱元璋很小的时候便失去了父母，长大后为父母养老、孝敬父母成了他一直以来的心愿，也可以说是心结。因此朱元璋在位时期对国家养老问题十分注重，但小时候的经历，是朱元璋永远无法抹去的伤痛。所以朱元璋十分喜欢穿上百姓的衣服，出去走走散散心。

一天傍晚，正值除夕佳节，朱元璋像往常一样换上老百姓的衣服出去散心。走着走着，朱元璋来到了衙门前，听到衙门里的哼唱声，停止了脚步。朱元璋好奇地走了进去，见到衙门正堂中坐着一个人，在他的面前有一壶风靡一时的绍兴老酒，一碟简简单单的下酒菜，那个人的嘴里正哼着小曲儿。

朱元璋心里想：除夕佳节本应该是一家人团聚

在一起，热热闹闹地聊天吃饭，但眼前这个小官所处的这种氛围与人们所向往的新年佳节的气氛全然不同，显得十分寂寞。朱元璋在门口停留了片刻，便迈步向前走去。

这时，小官看到有人进了衙门，便热情地招呼朱元璋："哎，这么冷的天，进来坐坐吧！"朱元璋看到小官孤单一个人又这么热情，就装作一个平民想与他喝两杯。

两人一边聊着天，一边品着酒，朱元璋发现和这个小官聊得很投缘，于是朱元璋好奇地问小官："今天该是与家人团圆的日子，为什么你没有回家与家人团聚呢？"小官叹息道："自打外出以来已经有几年了，这几年来也一直很想回去给母亲尽孝，只不过这么大的衙门总得有个人留下来值守啊。"犹豫了几番，小官最终还是选择留下来。

听到这里，朱元璋在心里对这个小官产生了敬佩之情，认为这个人官虽小却很有孝心，而且为人也非常正直，于是继续和小官喝起了酒。

之后，朱元璋见天色已晚，就准备离开了。临走，朱元璋还笑着对他说明日再见。

第二天，小官接到了皇帝的召见，一番打理后来到了皇宫。当看到上面端坐着的皇帝居然是昨天与自己喝酒的老者，他十分惊讶。

接着，朱元璋派人拎了几壶昨晚一起喝的绍兴老酒给他，并且命他回到自己老家做当地的知府。因为这样一来，他就可以方便孝敬母亲，也可以为老百姓尽职尽责了。

貂裘换义酒

1904年春，秋瑾离子别女，冲出樊笼，为寻求救国救民的革命道路东渡日本留学，并与陶成章相识。第二年春天，秋瑾回到上海，经陶成章介绍，结识了蔡元

培。随后回到故乡绍兴，与徐锡麟会面，参加光复会，从事反清革命活动。

1905年夏天，秋瑾再次赴日。不久，孙中山从欧洲到了日本，明确提出要建立一个新的统一的团体，把各种进步力量联合起来。在他的积极推动下，中国第一个统一的民主革命政党同盟会，于当年8月在东京成立。孙中山被推举为同盟会总理。

同盟会成立不久，在黄兴的介绍下，秋瑾受到了孙中山的亲切接见。她向孙中山介绍了自己的经历和光复会的情况，聆听了孙中山关于当前国内国际形势的分析，很受鼓舞。

当时，在日本留学的中国进步学生经常聚会，探讨救国救民的革命道路。一个风雨交加的冬日傍晚，秋瑾和宋教仁、陈天华等十来个进步青年到东京的一家小酒店里聚餐。小酒店里正好有日商从中

国北京转运来的云集酒坊生产的绍兴老酒。绍兴老酒经北京再转运日本，其价格自然不菲，但秋瑾自告奋勇地表示由她买单。

这些进步青年每次聚到一起就谈论国家大事，措辞最激烈的自然是秋瑾，大家的革命热情一下子都激发出来，一个个振臂疾呼。只有鲁迅坐在一边听着，似乎进入了更深层次的思考。

"笃，笃，笃！"屋外传来三声轻微的敲门声。

秋瑾慷慨激昂的发言戛然而止，屋里一片寂静。

大家几乎都屏住了呼吸。王金发突然一跃而起，手臂一挥，示意大家做好准备，然后弓着身子，迈着猫步，朝门口走去。

"哈哈哈……"两个男人风尘仆仆地走了进来，一个是徐锡麟，一个是陶成章，他们也远渡来了日本。大家对他俩的到来既感到非常意外，又感到特别高兴。秋瑾连忙吩咐再上两壶绍兴老酒来。大家都站起来欢迎两位的到来。秋瑾亲自为徐锡麟、陶成章斟满酒，然后把自己的杯里也满上，举起酒杯道："来，为徐先生、陶先生接风洗尘，干了这杯！"

三人一饮而尽。接着，宋教仁、陈天华、黄兴、王金发、鲁迅等分别向徐锡麟、陶成章敬了酒。当秋瑾第二次向徐锡麟敬酒时，徐锡麟站起来说："秋女士，我们革命党人主张男女平等，我们来个一对一，如何？"

于是，徐锡麟举起满满一杯酒，一饮而尽。秋瑾也举起满满一杯酒一饮而尽；徐锡麟喝第二杯，秋瑾也喝第二杯；徐锡麟喝第三杯，秋瑾也喝第三杯……

喝着喝着，徐锡麟感觉有些支撑不住了，秋瑾却面不改色泰然自若。徐锡麟说："秋女士，今天是你做东，我不好意思让你破费得太多。我们休战吧！"

秋瑾说："徐先生是担心我身上的钱不够，是不

是？即使钱不够，我这件貂裘也可以换酒呢！"说着，脱下貂裘，搭到椅背上。

真是酒逢知己千杯少，这群革命党人摆酒论世，探讨革命斗争的战略，直到深夜。临走时，秋瑾笑问酒店老板："东家，如果我身上的钱不够付酒账，我这件貂裘能换酒吗？"

"贵夫人真会开玩笑，即使您身边的钱不够付账，本店还可以挂账呢！"酒店老板提起貂裘披到秋瑾身上，"欢迎诸位多多光临！"

这群年轻的革命志士迎着风雨，消失在严冬的夜幕之中。有一个激昂的声音从夜幕下传过来，一直传到很远很远的地方。

> 不惜千金买宝刀，貂裘换酒也堪豪。
> 一腔热血勤珍重，洒去犹能化碧涛。

七贤畅对诗

　　"竹林七贤"十分有名，现在只要稍微有些文化的人都知道这"竹林七贤"的名号，但很少有人能够说出到底是哪七贤。实际上，这七人即是三国魏正史年间，嵇

康、阮籍、山涛、向秀、刘伶、王戎及阮咸七人。这"竹林七贤"名号的形成自然是有些故事的，与会稽美酒更是有些渊源。

据说嵇康原本是不想和其他人有什么关系的，他更愿意自己隐居在竹林里，每天过着自在悠闲的生活，他喜欢回归自然，不想跟世俗之人打什么交道。但阮籍等人知道他的名声，总想一睹真容，学习学习这高人的风度与文采。

一日，嵇康正坐在竹房子中，想要提笔做文章，却听到竹林中传来声响，这下他明白又是有人想来看他了。为了避开这些人，他就把笔扔了下去，向林子中走去。竹林里传来声响的人就是阮籍，阮籍在外敲门道："先生，我今日是想来您这儿谈谈心、作作诗的，您开个门先放我进去吧。"

阮籍等了半晌没听到声响，就推开了竹门，见屋中没人，只看到桌子上写着一句话："竹林深外有篱笆。"看到这句话，阮籍就明白了，嵇康这是想避开他，但竹林外还有兄弟等着呢，他们今日聚在一起，就是想见见这嵇康先生啊。这该如何是好？思虑片刻，阮籍忽然有了点子，他拿起桌上的竹笛就吹了起来。在山外等候的几位贤士只当是嵇康邀请他们进来呢，就走进了竹林，谁知是阮籍这小子招引嵇康才吹的笛子，于是他们一同在嵇康门前等待他回来。

嵇康听笛声竟一直不停歇，便想："这群小子莫非是想着我不回去他们就不走了？"无奈之下，嵇康只好走回去，与他们相会。几位贤士见他回来了，心中自然是十分高兴的，便上前与嵇康打招呼："嵇兄，听闻你十分有文化，因此我们几人今日前来拜访，想要向您讨教讨教，共同学习一下。"嵇康听了这话，觉得更加不好推脱了，只好招呼他们坐下，跟他们聊起了诗词歌赋。这么一来，这七位倒是相谈甚欢。

到最后，嵇康更是拿出珍藏的会稽美酒。这会稽美酒，清香四溢，制作方法更是独特。嵇康为几位斟上美酒，他是爱酒的人，听说过这几位也是十分爱吃酒的，更何况是这名满天下的会稽美酒了。这样一来，他们更是谈得火热。

自这次会面以后，七位贤人就经常在竹林中相聚，共饮会稽美酒，酒醉之时，便是作诗吹笛。酒醉的时候，也常常是这七人文思泉涌的时候，加上他们个个文采非凡，作出来的诗也被广为传诵。渐渐地，这七位就被合称为"竹林七贤"。著名的"竹林七贤"就这样形成了。

距离"竹林七贤"饮酒作赋的日子也有千余年了，但每每讲到七贤的故事，又仿若那会稽酒香穿过竹林，世人皆随着这七贤，醉倒在历史的长河中。

塔颠饮美酒

　　徐渭，绍兴府山阴（今浙江绍兴）人。
初字文清，后改字文长，明代著名文学家、
书画家、戏曲家、军事家。世人都知道徐渭
嗜酒，曾经有人来劝他戒酒，他说道："不

羡皇帝不羡仙,喝酒胜过活神仙。"这"塔颠饮美酒"的故事就发生在绍兴城外的一座山林(即飞来山)上。

那天天气晴朗,又恰好是春天,万物复苏,处处都冒着生气,正是出门游玩的好日子。徐渭和好友朱次公商量着去哪里游玩一番,最后定在了飞来山。这山上有座塔,两人便不疾不徐地带着书去爬那座塔,登上了塔颠,坐在那闻着花香读着书,倒也十分惬意。

过了一会儿,一些好友就带着几壶绍兴美酒前来拜访,其中一人说道:"两位仁兄,今天天气很好,本想邀请两位来一品美酒。你家家童说你们上了飞来山来游玩,这便带着弟兄们来了,最近闲杂的事情很多,倒也正好上来散散心。"

朱次公和徐渭见着这些朋友,心中自然也是非常欣喜的。徐渭本身也是好酒之人,见到他们手上提着的美酒，心中早就按捺不住了，便连连邀请几位入座。酒一打开，一阵阵幽香就萦绕在席间各位的鼻尖了，一定是酿造了多年才有的陈香，于是大家开始在塔颠畅快地饮酒。

这好酒饮过几杯，众人都有点微醺了。徐渭双颊有些泛红，衣襟也有些许敞开，许是兴致来了，他高呼道："大家喝得如此尽兴，不如我们作一首诗吧，也好做个留念，怎么样？"这些人也都是些文人墨客，于是众人纷纷应和，徐渭则大呼一声："好酒！"众人轮番作了六韵并吟唱了出来。而后又是饮酒乐甚，已然醉倒在美酒中的客人们轮番作对，吟诗作罢，酒便也停了下来。大家坐在榻上，伴着鹳鸣，又小睡了片刻，转而又梦见蝴蝶在花丛中飞舞。

徐渭心中总是念想着要作一诗以表达此情此感，

于是看着那花间的蝴蝶，再抬头看看渐渐昏暗的天色，拿起放在一边的纸笔，借着醉意，挥笔作下《飞来山三首（其二）》：

> 枕书小睡门开半，客来就榻弹书唤。
>
> 携壶醉客相轮尖，饿鹳窥铺搅云乱。
>
> 僧厨沸酒百蚊飞，双枣沈茶紫茧微。
>
> 酒罢书横依旧睡，梦为蝴蝶别花归。

徐渭等人"塔颠饮美酒"的故事就这样流传下来了。绍兴美酒蕴出了几首好诗，记录了他们在塔颠的畅快淋漓。

徐文长不仅画工了得，更能作一手好诗。这一日飞来山所有的故事都在徐渭醉酒之作中展示了出来，于后人们而言，实在是值得细品回味。

清照爱越酒

　　婉约词宗李清照爱喝酒，爱写"酒词"，这与她的人生经历息息相关。年轻时，以酒会友，青春浪漫；结婚后，夫妻共饮，品酒谈诗；寡居后，借酒消愁，愁

上加愁。人生多么不易,唯有爱酒之事不变。

　　李清照与夫君赵明诚结婚以后,两人很少能够相见,于是李清照常常在孤寂之时饮酒消愁。有一日,夜晚凉风阵阵,李清照一觉醒来,坐在床边,开始想念自己的夫君:"自从和相公并蒂良缘,常常是很长时间都见不到一面,离上一次见到相公也有十天半月了,这叫我怎么能不想他。"想着就斟了一杯酒,此酒便是李清照所爱的越酒。一杯酒下肚,忧愁竟是更甚了,思夫之情宣泄而出,借着酒劲,提笔便作下一首《浣溪沙》:

　　　　莫许杯深琥珀浓,未成沉醉意先融。

　　疏钟已应晚来风。

　　　　瑞脑香消魂梦断,辟寒金小髻鬟松。

　　醒时空对烛花红。

整首词含蓄蕴藉，是婉约词的典范，正如清人王士祯说："婉约以易安为宗。"开篇便是琥珀色的绍兴酒，虽没有沉醉其中，也是意味正浓。独自面对着燃烧的红烛饮酒，李清照写词时一定是翻来覆去，难以入眠的吧。

在绍兴人的生活习惯中，绍兴酒就是与爱人共饮的家常之酒，李清照独自饮酒作词自然是透露出一番辛酸苦楚，但这对夫妇能够一同饮酒抒怀的日子也并不是没有。

有一天，雪正下得纷纷扬扬，两人恰好有点闲的时间，李清照与夫君就在雪地里走着。看着那些梅花，闻着花香，兴致来了，李清照便说道："夫君，不知道你有没有喝过越酒，这酒喝起来，既尽兴又暖胃，我们一起对饮几杯吧。"于是两人喝到尽兴的时候，又留下了一首《渔家傲》：

雪里已知春信至，寒梅点缀琼枝腻。香脸半开娇旖旎，当庭际，玉人浴出新妆洗。

造化可能偏有意，故教明月玲珑地。共赏金尊沈绿蚁，莫辞醉，此花不与群花比。

这首词仿佛把绍兴酒的香甜醇厚全然展现出来了，透过这越酒也将两人之间浓厚的爱意展露无遗。寒梅，白雪，明月，美酒，现在我们可以看到，李清照的不少词中都散发着阵阵酒香。

"东篱把酒黄昏后，有暗香盈袖。""黄昏院落，凄凄惶惶，酒醒时往事愁肠。""酒阑更喜团茶苦，梦断偏宜瑞脑香。"一代词宗爱喝酒，爱写酒词，以酒入词，词无醉态，人却已醉。

马兰头佐酒

　　相传小康王赵构为躲避金兵追杀，曾在绍兴乡村逃难。一天，赵构正要前往和属下约定的会合地点时，金兵突然围剿了过来，他用尽了所有的力气才逃到一山林间。

　　林间掩映着几处低矮房屋，赵构撑着最后一口气走近房屋，因饥饿难忍，晕倒在一户农家门前。农家姑娘见状连忙将他扶进里屋，并以粥汤、马兰头让其充饥。赵构食之竟如山珍海味，顿时神清气爽，以感激的目光看着那农家姑娘，欠身相谢，而后依依不舍地离去。

　　后来局势稍稳定，皇帝赵构锦衣玉食间，每每端起绍兴酒用餐，当酒滑入肚腹，便想起那提神救命的马兰头，随即派人寻访那个农家姑娘。

　　终因时过境迁，昔日山上那房屋已破旧不堪，姑娘也早已嫁人。听完下属的禀报，赵构甚觉惋惜，惋惜之余，让人赏了几百两银子。但还是念念不忘马兰头之味，仍多次要绍兴以马兰头与黄酒一起作为贡品进献，以大快朵颐。

　　当然，以马兰头佐酒，只是赵构对落难时候遇救的一种感恩回忆，绍兴人喜吃马兰头确是从古至今的风俗。

在浙江，吃马兰头等时鲜蔬菜，是取其"青"字，以合"清明"之"青"。它更为绍兴一带清明时节的时令菜肴，其选用鲜嫩茎芽（马兰头），拣去杂质，洗净沥干，焯熟后再以清水揉搓漂洗，反复多次，挤尽白沫，以除草腥，然后捏成菜团，以快刀反复斩剁，切成细末，拌以香干细丁，加细盐、味精、麻油即成，清凉爽口、甘苦异香。

"荠菜马兰头，姐姐嫁到后门头。"这是一代又一代绍兴人传唱至今的儿歌，妇孺皆知、耳熟能详。周作人也曾为之撰文。马兰头现已入大饭店作为冷盘待客，鲜嫩清香，独具野味。

春雨初霁，大街小巷中，随处可听到"卖马兰头哉！"的吆喝声，越语古韵声，远远近近，此起彼伏，真是小楼一夜听春雨，深巷明朝卖马兰头。

水酉留酿种

　　很久以前，在鉴湖河畔有一个依水而建的村庄叫壶觞村，村里住着一个名叫水酉的农民。水酉家境贫寒，后母偏爱幼弟，于是很多维持生计的担子就落在了水

酉的肩上。

水酉时常要去会稽山采摘草药。一日，他如同往常一般走在盘旋的山路上，四周却不知何时起漫开了雾。不多时，水酉惊觉自己已迷了路，只得抱着药筐小心翼翼地前行。

水酉正疑惑间，突然发现自己的两只裤脚被什么东西扯住了。低头一看，两只幼虎正咬着他的裤脚不放。他发现幼虎并没有伤害他的意思，而是一直领着去一个方向。在两只幼虎的指引下，水酉来到了一个山洞口，他小心翼翼地向里面探头望去。

这一看还了得，一只体型硕大的吊睛白额斑虎正恶狠狠地盯着他！

水酉虽胆大但终归还是个少年郎，情急之下拔腿就跑，却被幼虎牵制着逃走不得。他心中一横：自己怕是中了这老虎"诱敌深入"的计了。等

待片刻，洞中却依旧一点儿动静也没有，反而是两只幼虎开始"呜呜"地叫起来，声音状似婴孩啼哭。

水酉虽惶恐，却也发现了一丝不寻常的端倪。这只老虎虽目光凶狠却双眼肿胀，四肢虚浮，一看便是得了重病，不及时治疗恐有性命之忧。

水酉恍然大悟，思索片刻后小心地向前靠近。那老虎低吼一声乖乖地任由水酉给它敷上草药。包扎之后水酉刚想离去，幼虎却依旧扯着他的裤脚不放，带他去了山洞的一个角落。

他顺势蹲下，在岩缝中发现了一个刻着古朴花纹的陶坛，旁边叠着一卷写满了字的布条。水酉只认得零星的几个字，却也摸索着猜出了上面写的是陶坛的故事。

原来这个陶坛是仪狄留下的，她曾经有幸受到玉女邀请去天宫参加了一次宴会。宴会上所饮之物便是那"瑶池玉液",入口清冽,回味却醇馥绵柔,尾净余长,更有一股香醇如幽兰的气息。仪狄有意带回人间让世人品尝,苦苦向玉女求得了酿酒之法,并在神州大地留下了三处酿种。想来这就是她所留下藏匿酿种的处所之一了。

水酉打开封口,果然一股浓郁辛辣的香味扑鼻而来,用手指轻轻蘸了一点尝了一下,便觉得天地似乎都颠倒旋转了起来。他美滋滋地装了一小罐想拿回去造福村民,又将坛口封好重新埋入缝隙之下。果然,水酉带回的酿种全村人都赞不绝口,而他的生活也因酿酒、卖酒逐渐有了起色。

但在遥远的九重天之上,玉皇大帝知道酒曲外泄后勃然大怒,便派了一条金龙下凡取酒。谁知还没到达村庄,就受到一只力大无穷的神虎的阻拦。原来,这神虎竟是当年水酉所救的那只!它因尝了陶坛中的酒后就获得了神力，不仅身上的疾病痊愈了，还变得威猛异常。

一龙一虎不断喝酒、交战，竟是七七四十九日都没有停歇！天帝受到多方传来的抱怨，无奈将二者一起镇压在山下，可这时"酒"已经从小小的壶觞村逐渐扩散至全国各地，天帝便是想阻拦也已有心无力了。

此后，人们经过壶觞村歇脚时都会听到这样一个传说：鉴湖旁有一座山叫作龙虎山，山下有一条金龙和一只金虎在日夜喝酒争斗，村中曾有一少年唤作水酉，他是带回了酒曲的酿酒英雄！

《红楼》藏"开明"

　　文人爱酒，以酒会友。一些白马湖的名人，如夏丏尊、刘董宇、朱自清、朱光潜等在春晖中学时就有"酒聚"的习惯。后来这几位名士先后到达上海，在开明书店开张后索性名正言顺地成立了"开明酒会"。他们不爱白酒，只喝绍兴老酒。

酒会有一个不成文的惯例：时间一般在星期六的晚上举行，地点一般都选在开明书店附近的酒店（不是二马路上的"马上侯"酒店，就是四马路上的"王宝和"酒店，或者干脆就在参与酒会的某一位家里）。菜式方面既没有山珍海味，也没有大鱼大肉，只有咸烤花生、清煮发芽豆等几样闲散家常菜。是否有风雅的环境或者精美的佳肴都是无关紧要的，但是这酒呢却格外讲究，一定得是上好的绍兴黄酒。酒会也不是谁都能轻易参加的，有明确的入会条件：必须具有一次能喝下五斤黄酒的能耐才能被吸纳入会。

参加酒会的众人之间皆是心照不宣：品酒怡情，不敬酒、不劝酒、不闹酒；畅饮畅聊，聊生活、聊工作、聊人生。这也是酒会的"开明"之处。

　　某次酒会前的一天，郑振铎来开明书店找章锡琛。谈到了茅盾，章锡琛顺便对郑振铎说，茅盾可以背诵整部《红楼梦》。郑振铎不信，章锡琛就和他赌一场酒，并请当时正好在场的钱君匋做证。

　　到了星期六酒会时共有十人参加，唯独当事人茅盾虽到场却还不知情。酒过三巡，说笑之间，章锡琛对茅盾说："今天酒菜不错，又都是熟人，已经喝了两杯，再来个助酒兴的节目怎么样？我先想到一个，请雁冰背一段《红楼梦》，如何？"说完扫视众人，一副询问意见的样子。适逢茅盾兴致正浓，不疑有他，便没有拒绝章锡琛的提议，欣然应命："你怎知我会背《红楼梦》？你既点到我来背，就背一回吧，不知你想听哪一回？"章锡琛对郑振铎说："请振铎指定可否？"

郑振铎装模作样地咳了咳，背身从书架上取出早已备好的《红楼梦》，随便指定了一回请茅盾背诵，同时由他紧盯着书本进行检查。众人皆屏息凝神，静得仿佛落针可闻，只有茅盾清朗的背诵声徐徐传开："假作真时真亦假，无为有处有还无……"

章锡琛看着背了好长一段，就附耳过去对郑振铎说："你看怎样，随点随背他都不慌不忙背出来，不错一字一句，你可服气了吧！要他背完这一回还是停背了？"郑振铎惊异非常："我倒不知雁冰有这一手，背得实在好，一字不错！你问我要不要把这一回背完，嗯……我看是可以停止了。我已经认输了，今天这席酒由我请客出钱。"说罢摇头晃脑地来回踱步，不知是对茅盾的记忆力叹为观止，还是心疼这赌约答应得太草率，倒是委屈了钱袋子。

到了这时，章锡琛才对茅盾说："雁冰，背得真漂亮！我和振铎打赌你能否随意背一段《红楼梦》，今晚你帮我胜了振铎。请停止吧，谢谢你！"茅盾这才知道自己居然成了二人打赌的赌具，笑道："原来你们借我来打赌，我竟被你们利用了，只怪我当时答应得太爽快。"当晚众人皆尽欢而散。

若干年后，鉴于对这场酒会的美好记忆，章锡琛还戏赠郑振铎打油诗一首，再忆此事：

三岛归来近脱曼，西装革履帽遮颜。

《红楼》赌酒全输却，疝疾在身立久难。

人生弹指芳菲暮，不知那"开明酒会"中还挥洒过多少书生意气。看似只是一场平淡无奇的酒友会，却有多少震惊了中国文坛的风流人物因这一碗碗绍兴黄酒而结缘。君子之交，不仅可以浅淡如水，也可以浓烈似酒，用酒赌的可能是"红楼"，酒中藏着的却是"开明"。

辛翁论国复

　　南宋嘉泰三年（1203）五月，六十四岁的辛弃疾走马上任，出任绍兴知府兼浙东安抚使。刚上任第五天他便急不可耐地慕名拜访了一位老翁，他就是罢官回到浙

江山阴老家的陆游。

陆游爱诗爱酒，也擅饮酒作诗，曾自言"酒唯诗里见"。生于乱世之中，如浮萍一般颠沛流离，一腔热血却报国无门，只恨生不逢时。陆游晚年蛰居故里，写下"百岁光阴半归酒，一生事业略存诗"的千古名句，将"诗"和"酒"作为此生总结。

辛知府入夜到访，两人一见如故。陆游自知寒舍凋敝仍对他热情款待。一番寒暄后，兴致正浓便想着把酒言欢，可久无来客，备用的酒坛里早积了层薄灰，陆游便让王氏拿着自己的一轴画去隔壁邻居家换酒。辛弃疾心痛不已，何时陆放翁的字画也是可以随意换之的？可这乱世连人才都可埋没，更何况是少人懂的字画呢。酒已换来，两人窗边坐下，陆游却始终愁眉不展。

辛弃疾察言观色，问道："何事扰乱放翁之

心？"陆游哀叹一声："时运不济，吾已日夜难眠，每当念及此事，不免忧心忡忡。"辛弃疾大约已猜出陆游之心意，却未曾想到放翁在饮酒谈乐之间仍为国事揪心，于是又追问："何至于此？"陆游连连摇头，言简意赅地答道："战事连绵，百姓受牵连，圣上不明，忠志之士难尽报国之心。"

辛弃疾望向四周，看着斑驳的泥墙、枯草的屋顶，满眼都是破败的景象，不禁想到陆放翁在《蔬食》里写道："今年彻底贫，不复具一肉。日高对空案，肠鸣转车轴。"又想到他的《岁暮贫甚戏书》，说家里食器上横斜堆置的都是苜蓿，身上衣服一再补缀，以致花纹颠倒。

看着画轴被漏下来的雨水打湿，辛弃疾不禁联想到兵荒马乱的世道艰难。身为文官只能自省清正廉明，为朝廷尽己微薄之力。他不禁抱拳感慨："国难当头，放翁尽为仁人志士忧虑。终有一日，汝报国之心必能如愿。此等精神，幼安实在自愧不如。如今吾身兼绍兴知府及浙东安抚使二职，又正逢危急存亡之秋，获事明主，扫除寇乱，是所愿耳。"两人简短的对话，既道出了时局，也道出了不幸。

一番饮酒畅谈，两人的报国之志都被酒意激醒。辛弃疾已年近古稀，陆游更是即将迈入耄耋之年，可两位老人却不输任何英雄少年，高谈阔论，挥斥方遒。庙堂虽高，却也关乎整个国家的危急存亡；江湖虽远，可又包含黎民百姓的民生所向。

酒趋阳刚，让人沉醉，超脱出世。两位大诗人清醒时往往难于摆脱世俗，而酒酣耳热之际却能任情放纵，无所顾忌。从"听天由命"完成了"形而上的慰藉"，由盲目挣扎的消极力量变成了生生不息的创造力量。

放翁尝新酿

　　南宋初年，诗人陆游由于坚持主张抗金，多次受到主和派的攻击。四十二岁的他便被免了官，报国无门之际带着满腔悲愤，回到了故乡山阴（今浙江绍兴）。他整日将自己关在家中读书，常常伴着青灯独坐到深夜，却只能笑谈"有味似儿时"。

次年三月，农村到处敲锣打鼓，准备迎接春社，祭祀土地神，一派欢乐祥和的气氛。闲居在家的陆游越发觉得苦闷，为解心中激愤之情，他便想去十里开外的西山村踏青游玩。

陆游到达西山村时天色尚早，他闲适地在青翠可掬的山峦间漫步，但草木愈见浓茂，蜿蜒的山径也愈加依稀难认。起先还是宽敞平整的大道，走着走着却变成了盘旋的羊肠小路，人烟也逐渐稀少。当他登上一处斜坡时，放眼望去，前面山重水复，路断人绝，似乎已经无法再前进了。陆游兴致正浓，又岂肯轻易回头，虽有几分犹豫却继续沿着山坡前进。正迷惘地转过一个山角，眼前突然豁然开朗，几间农家茅舍，隐现于花木扶疏之间。

刚在村口驻足，远远地就有村民迎了上来。陆游打量着村庄和村民，不禁想起陶渊明《桃花源记》中记载的："土地平旷，屋舍俨然，有良田美池桑竹之属。阡陌交通，鸡犬相闻。"如今所见与那靖节先生所写，倒也有几分异曲同工之妙。

正值初春，新芽悄悄探出地面，到处都在彰显着勃勃生机。农夫热情地把陆游领入家中院里，院中央摆着几桌酒席，桌上布满了佳肴，除了平日里常见的鸡鸭鱼肉，还有当地人才有机会享受到的"山珍"，桌旁酒坛里的腊酒散发着诱人的芳香。陆游轻抿了一口碗中的腊酒，顿时赞不绝口。这农家腊酒的口感虽不如宫廷御酒细腻，但是醇厚馥郁、悠远绵长，是生平从未品尝过的。村里人向陆游解释，这是腊月新酿的"老白酒"，并详细地描述了其制作过程。

原来这农家有年底酿酒的习俗，家家户户都要请当地的酿酒师傅制作"老白酒"。先是将约莫五六十斤的糯米淘洗干净，浸上一天一夜，第二天捞起淘尽后晾十多分钟，便放在蒸笼里蒸熟。笼屉上早已备好干净的屉布，直接将糯米放屉布上蒸熟即可（因米经过浸泡已经涨发，故不需要像蒸饭那样在饭盆里加水）。蒸熟后的糯米倒入大小适中的缸里，加入适量清水和药酒，然后用木棒搅匀。待温度稍凉后按比例拌进酒曲，用勺把米稍压紧实，中间挖出一洞，接着在米缸四周裹上一层厚稻草，上面铺上草帘子，让米饭在里边发酵。

这样静置七八日左右，再在米缸中加入一些清水（一斤米约加三斤水），继续发酵个四五天，糯米就会酿成米酒了。陆游听了也是啧啧称奇，他竟不知喝的这一口腊酒背后耗费了如此多的功夫。

夕阳渐沉，陆游依依不舍地起身告别，尽兴而归。回去后，他提笔写下了传世名作《游山西村》：

莫笑农家腊酒浑，丰年留客足鸡豚。

山重水复疑无路，柳暗花明又一村。

这首联中的"腊酒"，指的便是那精心酿造且让人唇齿留香的"老白酒"。

丰子恺喜酒

　　丰子恺，我国著名的漫画家和散文家，他与酒的缘分也是不得不说的故事。丰子恺一生奉行"喜黄酒，不喝醉"的原则，书写着爱黄酒、喝黄酒的奇缘。

　　从日本回国后，丰子恺开启了他的人生新篇章。1922 年秋，丰子恺受到国文老师夏丏尊的邀请，到浙江上虞白马湖春晖中学任教。当时的春晖中学人才济济，夏丏尊、朱自清、朱光潜等名师都在此任教。这几位好酒之客，常常小聚畅饮，谈谈说说，非常投契。

　　这一天，正是周末，丰子恺约上朱自清、朱光潜等好友准备好好小酌一番。丰子恺备上了一盘花生米、几盘小菜，烫好了一大壶黄酒。"几日不饮，便觉得浑身不舒服啊。今日，咱们好好地喝上几口。"丰子恺率先倒了一杯老酒。金黄色的老酒缓缓流出，带着刚刚烫好的温度，散发出浓郁的酒香。"我这一辈子，最喜欢的还是这绍兴黄酒啊！"说完，丰子恺就举杯，饮完了杯子里的黄酒。朱自清立刻接着丰子恺放下的酒壶，满满地倒上了一杯。

"子恺说得不错，在我喝过的酒中，就数这绍兴黄酒最好。"朱光潜也倒了一杯，仰头饮完。

一杯接着一杯，浓烈的黄酒渐渐使丰子恺有了醉意，脸色逐渐泛红。而桌子上的黄酒也已经见底。这时，丰子恺酒兴大发想要谱曲。环顾四周，有些生气地说道："拿笔来！拿纸来！"而此时只有朱自清尚有一丝清醒，在周围寻找了一番，只找到笔墨，未找到白纸。"子恺，现在只能找到笔墨，找不到白纸了。"朱自清说着，便把笔墨递给了丰子恺。

未曾犹豫片刻，丰子恺脱下了自己身上穿的白衬衣，大笔挥墨，将曲谱写在了白衬衣上。伴着微微的醉意，一支曲谱完成了。

彻底清醒已是第二天早上，丰子恺看了看自己昨天的"杰作"，试着把自己的白衬衣洗干净。然而，墨迹淋漓，这白衬衣是再也洗不干净了。但是，丰子恺依旧照穿不误。大家调侃他：这颇有几分竹林名士的潇洒风度。这种潇洒，不单单是酒后谱曲的洒脱，更是尽情饮酒的无拘无束。

正如后来朱光潜回忆起这段时光时说的："那时我们都喜欢喝酒，因为酒后见真情，我最喜欢子恺雍容恬静的态度。"

丰子恺的一生，不仅仅在绍兴教书的这段时间里享受黄酒，更是把黄酒融入了自己的创作与生活中。当我们阅读他的散文、欣赏他的漫画时，我们都能看到时光那头的丰子恺正在尽情创作，也正在惬意饮酒。那阵阵酒香，那微微泛红的脸颊，已透过一个个文字、一幅幅漫画，向我们诉说着绍兴黄酒的美妙。

郑弘沉酿川

据史料记载，东汉时期，会稽山阴人郑弘，当时为乡啬夫，就是县下小乡的一名小吏，任务是了解一乡人的行为善恶、家境贫富，以安排劳役，征收赋税。郑弘

不嫌职位低微，勤勤恳恳，认真工作，了解民情。

有一次，有人来报有不务正业者，吃着粮食却不愿务农。会稽太守一听，这可不得了，于是就下乡去劝说，因郑弘了解各地民情，便也带上了他。在劝说时，太守询问郑弘如何看待这次"罢工"行为，郑弘对民间疾苦、政治得失对答如流，深得太守赏识。

太守推举他为孝廉，希望郑弘做得更好，为百姓谋得更多福祉。后来，郑弘果然不负所望，在各地"为政仁惠，民得苏息"。到汉章帝建初时，累迁尚书令，元和中任太尉，成为东汉前期一位朝廷重臣。

郑弘勤于政事，为人谦和，当地百姓对其赞不绝口，也因此在家乡传有美名。嘉泰《会稽志》记载："秀山出佳水，佳水出奇事。"郑弘被举荐为孝

廉后要赶赴洛阳，乡亲们都来为他送行。最后，乡亲们在若耶溪东的一个地方为这位好官饯行。郑弘非常喜欢饮酒，离开家乡时，他想再尝一尝家乡的美酒，偏索不得。于是，郑弘在众人前将五铢钱投入水中，然后让大家根据价格量取水而饮之。郑弘当时是将这水当作了酒，将它买下，作为与乡亲们道别时的酒水，没承想这水居然真的成了甘冽醇厚的美酒。众乡亲直呼奇迹，大家都喝到尽兴，最后各醉而归。后来，人们就将这个地方称为"沉酿川"。

"沉"谐音"郑"，因在绍兴方言中"沉""郑"是不分的。"沉酿川"就是郑弘酿酒的水川。郑弘到了京都后，还很想念家乡的这条买水当酒的沉酿川，并时时回味那唇齿留香的美酒，但他越想越是得不到，最终他思乡情切，得了疾病，日日缠绵卧榻，于是就带信给家乡的人说："想喝一口沉酿川的河水。"家里收到信后，就赶忙叫人汲取沉酿川的水，派人用快马送达京城。打开酒封，熟悉的酒香飘满屋子。郑弘闻着这酒香，居然下了床榻，走到桌前倒了一杯酒，他先放于鼻端嗅了嗅，后慢慢饮了少许，这病便也好了。

这故事听起来虽然有些神奇的色彩，但是从中能看出郑弘对绍兴酒的喜爱，后人就把沉酿川作为纪念郑弘的地方。